1+X 职业技能等级证书培训考核配套教材
1+X 工业机器人应用编程职业技能等级证书培训系列教材

工业机器人应用编程（博诺）
初级

北京赛育达科教有限责任公司　组编

主　编	郑丽梅	邓三鹏	徐春林	孙彩玲
副主编	王志强	岳　鹍	刘　磊	刘宝生
	肖　轶	林新农		
参　编	李　萌	王　彬	陶为明	程晓峰
	金玉好	田景新	孙式运	田　勇
	陈冲锋	章　青	劳佳锋	薛　强
	周海龙	刘　彦	韩　浩	
主　审	陈晓明	李　辉		

U0139450

机械工业出版社

本书由长期从事工业机器人技术相关工作的一线教师和企业工程师，根据他们在工业机器人技术教学、培训、工程应用、技能评价和竞赛方面的丰富经验，对照《工业机器人应用编程职业技能等级标准》，结合工业机器人在企业实际应用中的工程项目编写而成。本书基于工业机器人应用领域一体化教学创新平台（BNRT-IRAP-R3），按照工业机器人应用编程创新平台认知，以及工业机器人涂胶、焊接、激光雕刻、搬运、码垛及装配应用编程共七个项目进行编写，按照"项目导入、任务驱动"的理念精选内容，每个项目均含有典型案例的编程及操作讲解，并兼顾智能制造装备中工业机器人应用的实际情况和发展趋势。编写中力求做到"理论先进、内容实用、操作性强"，注重学生实践能力和职业素养的养成。

本书是1+X工业机器人应用编程职业技能等级证书初级培训考核的配套教材，可作为工业机器人相关专业和装备制造、电子与信息大类相关专业的教材，也可作为工业机器人集成、编程、操作和运维等工程技术人员的参考用书。

本书配套的教学资源网址为 www.dengsanpeng.com。

图书在版编目（CIP）数据

工业机器人应用编程：博诺：初级/郑丽梅等主编. —北京：机械工业出版社，2023.2

1+X职业技能等级证书培训考核配套教材　1+X工业机器人应用编程职业技能等级证书培训系列教材

ISBN 978-7-111-72459-9

Ⅰ.①工… Ⅱ.①郑… Ⅲ.①工业机器人-程序设计-职业技能-鉴定-教材　Ⅳ.①TP242.2

中国国家版本馆 CIP 数据核字（2023）第 010243 号

机械工业出版社（北京市百万庄大街 22 号　邮政编码 100037）

策划编辑：薛　礼　　　　　　责任编辑：薛　礼　戴　琳
责任校对：陈　越　贾立萍　　封面设计：鞠　杨
责任印制：李　昂

北京中科印刷有限公司印刷

2023 年 3 月第 1 版第 1 次印刷
184mm×260mm · 13 印张 · 318 千字
标准书号：ISBN 978-7-111-72459-9
定价：45.00 元

电话服务　　　　　　　　　　网络服务
客服电话：010-88361066　　机　工　官　网：www.cmpbook.com
　　　　　010-88379833　　机　工　官　博：weibo.com/cmp1952
　　　　　010-68326294　　金　书　网：www.golden-book.com
封底无防伪标均为盗版　机工教育服务网：www.cmpedu.com

前 言
FOREWORD

工业机器人是"制造业皇冠顶端的明珠",其研发、制造、应用是衡量一个国家科技创新和高端制造业水平的重要标志。在科技革命和产业革命加速演进的大趋势下,国内工业机器人产业发展迅猛。推进工业机器人的广泛应用,对于改善劳动条件,提高生产率和产品质量,带动相关学科发展和技术创新能力提升,促进产业结构调整、发展方式转变和工业转型升级具有重要意义。

2016年,教育部、人力资源社会保障部与工业和信息化部联合印发的《制造业人才发展规划指南》指出,高档数控机床和工业机器人行业到2025年人才需求总量为900万人,人才缺口为450万人。基于产业对于工业机器人技术领域人才的迫切需要,中、高等职业院校和本科院校纷纷开设工业机器人相关专业。《国家职业教育改革实施方案》中明确提出,在高等职业院校及应用型本科院校启动实施"学历证书+职业技能等级证书"制度(1+X试点工作)。1+X证书制度的启动和实施极大促进了技术技能人才培养和评价模式的改革。

为了更好地实施工业机器人应用编程职业技能等级证书制度试点工作,使广大职业院校师生、企业及社会人员更好地掌握相应职业技能,并熟悉1+X技能等级证书考核评价标准,北京赛育达科教有限责任公司协同天津博诺智创机器人技术有限公司,基于工业机器人应用领域一体化教学创新平台(BNRT-IRAP-R3),对照《工业机器人应用编程职业技能等级标准》,结合工业机器人在工厂中的实际应用,从工业机器人涂胶、焊接、激光雕刻、搬运、码垛及装配应用编程等方面组织编写了本书。

本书由机械工业教育发展中心郑丽梅、天津职业技术师范大学邓三鹏、安徽机申职业技术学院徐春林、烟台工程职业技术学院孙彩玲任主编,参与编写工作的有北京赛育达科教有限责任公司王志强、章青、劳佳锋,天津现代职业技术学院岳鹃,安庆职业技术学院刘磊,天津交通职业学院刘宝生、李萌,南通职业大学肖轶,盱眙技师学院林新农,池州职业技术学院王彬,安徽电气工程职业技术学院陶为明,湖北工程职业学院程晓峰,安徽国防科技职业学院金玉好,安徽蚌埠技师学院田景新,亳州职业技术学院孙式运,铜陵职业技术学院田勇,芜湖机械工程学校陈冲锋,天津博诺智创机器人技术有限公司薛强、周海龙,安徽博皖机器人有限公司刘彦,湖北博诺机器人有限公司韩浩。天津职业技术师范大学机器人及智能装备研究院李辉教授、蒋永翔教授、祁宇明副教授、孙宏昌副教授、石秀敏副教授,研究生王振、张凤丽、罗明坤、夏育泓、邢明亮、时文才、李绪、陈伟、陈耀东、李丁丁、潘志伟、林毛毛等对本书进行了素材收集、文字图片处理、实验验证、学习资源制作等辅助编写工作。

本书得到了全国职业院校教师教学创新团队建设体系化课题研究项目(TX20200104)

和天津市智能机器人技术及应用企业重点实验室开放课题的资助，以及全国机械职业教育教学指导委员会，埃夫特智能装备股份有限公司，天津市机器人学会，天津职业技术师范大学机械工程学院、机器人及智能装备研究院等单位的大力支持和帮助，在此深表谢意。机械工业教育发展中心陈晓明主任，天津职业技术师范大学机器人及智能装备研究院李辉教授对本书进行了细致审阅，提出了许多宝贵意见，在此表示衷心的感谢。

由于编者水平有限，书中难免存在不妥之处，恳请同行专家和读者们不吝赐教，多加批评指正，联系邮箱：37003739@qq.com。

教学资源网址：www.dengsanpeng.com。

编　者

目 录
CONTENTS

前言
项目一　工业机器人应用编程创新平台
　　　　认知 …………………………………… 1
　　学习目标 ………………………………………… 1
　　工作任务 ………………………………………… 1
　　实践操作 ………………………………………… 1
　　知识拓展 ……………………………………… 13
　　评价反馈 ……………………………………… 15
　　练习与思考题 ………………………………… 16

项目二　工业机器人涂胶应用编程 ……… 17
　　学习目标 ……………………………………… 17
　　工作任务 ……………………………………… 17
　　实践操作 ……………………………………… 19
　　知识拓展 ……………………………………… 44
　　评价反馈 ……………………………………… 45
　　练习与思考题 ………………………………… 46

项目三　工业机器人焊接应用编程 ……… 47
　　学习目标 ……………………………………… 47
　　工作任务 ……………………………………… 47
　　实践操作 ……………………………………… 18
　　知识拓展 ……………………………………… 69
　　评价反馈 ……………………………………… 73
　　练习与思考题 ………………………………… 74

项目四　工业机器人激光雕刻应用
　　　　编程 ……………………………………… 75
　　学习目标 ……………………………………… 75
　　工作任务 ……………………………………… 75
　　实践操作 ……………………………………… 76
　　知识拓展 ……………………………………… 100
　　评价反馈 ……………………………………… 102

　　练习与思考题 ………………………………… 103

项目五　工业机器人搬运应用编程 ……… 104
　　学习目标 ……………………………………… 104
　　工作任务 ……………………………………… 104
　　实践操作 ……………………………………… 106
　　知识拓展 ……………………………………… 123
　　评价反馈 ……………………………………… 129
　　练习与思考题 ………………………………… 129

项目六　工业机器人码垛应用编程 ……… 131
　　学习目标 ……………………………………… 131
　　工作任务 ……………………………………… 131
　　实践操作 ……………………………………… 132
　　知识拓展 ……………………………………… 165
　　评价反馈 ……………………………………… 167
　　练习与思考题 ………………………………… 167

项目七　工业机器人装配应用编程 ……… 169
　　学习目标 ……………………………………… 169
　　工作任务 ……………………………………… 169
　　实践操作 ……………………………………… 171
　　知识拓展 ……………………………………… 191
　　评价反馈 ……………………………………… 193
　　练习与思考题 ………………………………… 194

附录　工业机器人应用编程职业技能
　　　等级证书（博诺 初级）实操
　　　考核任务书 ………………………………… 195
　　附录A　实操考核任务书1 ………………… 195
　　附录B　实操考核任务书2 ………………… 196
　　附录C　实操考核任务书3 ………………… 198

参考文献 ……………………………………………… 201

工业机器人应用编程
创新平台认知

项目一

学习目标

1. 熟悉工业机器人应用编程职业技能初级标准。
2. 掌握工业机器人应用领域一体化教学创新平台（BNRT-IRAP-R3）的组成及安装。
3. 掌握 BN-R3 型工业机器人的性能指标。
4. 熟悉 BN-R3 型工业机器人开、关机操作流程。

工作任务

1. 学习工业机器人应用编程职业技能初级标准；
2. 了解工业机器人应用领域一体化教学创新平台（BNRT-IRAP-R3）的组成及模块功能；
3. 完成工业机器人应用编程职业技能初级平台的模块安装和接线；
4. 独立完成开启、关闭 BN-R3 工业机器人的系统。

实践操作

一、知识储备

1. 工业机器人应用编程职业技能初级标准解读

工业机器人应用编程职业技能初级标准规定了工业机器人应用编程所对应的工作领域、工作任务及职业技能要求。其适用于工业机器人应用编程职业技能培训、考核与评价，相关用人单位的人员聘用等。

工业机器人应用编程职业技能初级标准要求：能遵守安全操作规范，对工业机器人进行参数设置，手动操作工业机器人；能按照工艺要求熟练使用基本指令对工业机器人进行示教编程，可以在相关工作岗位从事工业机器人操作编程、应用维护和安装调试等工作。工业机器人应用编程职业技能初级标准见表 1-1。

工业机器人应用编程职业技能初级标准面向的工作群有：工业机器人本体制造、系统集成、生产应用、技术服务等各类企业和机构，在工业机器人单元和生产线操作编程、应用维护、安装调试以及营销与服务等岗位，从事工业机器人应用系统操作编程、离线编程及仿真、工业机器人系统二次开发、工业机器人系统集成与维护、自动化系统设计与升级改造、售前售后支持等工作，或从事工业机器人技术推广、实验实训和机器人科普等工作的技术人员。

表 1-1　工业机器人应用编程职业技能初级标准

工作领域	工作任务	职业技能要求
工业机器人参数设置	工业机器人运行参数设置	能够通过示教器或控制器设置工业机器人手动、自动运行模式
		能够根据工作任务的要求使用示教器设置运行速度
		能够根据操作手册设置语言界面、系统时间、用户权限等环境参数
	工业机器人坐标系设置	能够根据工作任务的要求选择和调用世界坐标系、基坐标系、用户（工件）坐标系、工具坐标系等
		能够根据操作手册，创建工具坐标系，并使用四点法、六点法等方法进行工具坐标系标定
		能够根据工作任务的要求，创建用户（工件）坐标系，并使用三点法等方法进行用户（工件）坐标系标定
工业机器人操作	工业机器人手动操作	能够根据安全规程，正确起动、停止工业机器人，安全操作工业机器人
		能够及时判断外部危险情况，操作紧急停止按钮等安全装置
		能够根据工作任务的要求，选择和使用手爪、吸盘、焊枪等末端操作器
	工业机器人试运行	能够根据工作任务的要求使用示教器，对工业机器人进行单轴、线性、重定位等操作
		能够根据工作任务的要求，选择和加载工业机器人程序
		能够使用单步、连续等方式，运行工业机器人程序
		能够根据运行结果对位置、姿态、速度等工业机器人程序参数进行调整
	工业机器人系统备份与恢复	能够根据用户要求对工业机器人程序、参数等数据进行备份
		能够根据用户要求对工业机器人程序、参数等数据进行恢复
		能够进行工业机器人程序、配置文件等的导入、导出
工业机器人示教编程	基本程序示教编程	能够使用示教器编制工业机器人程序，对其进行复制、粘贴、重命名等编辑操作
		能够根据工作任务的要求使用直线、圆弧、关节等运动指令进行示教编程
		能够根据工作任务的要求修改直线、圆弧、关节等运动指令参数和程序
	简单外围设备控制示教编程	能够根据工作任务的要求，运用机器人 I/O 设置传感器、电磁阀等参数，编制供料等装置的工业机器人上、下料程序
		能够根据工作任务的要求，设置传感器、电动机驱动器等的参数，编制输送等装置的工业机器人上、下料程序
		能够根据工作任务的要求，设置传感器的 I/O 参数，编制立体仓库等装置的工业机器人上、下料程序
	工业机器人典型应用示教编程	能够根据工作任务的要求，编制搬运、装配、码垛、涂胶等工业机器人应用程序
		能够根据工作任务的要求，编制搬运、装配、码垛、涂胶等综合流程的工业机器人应用程序
		能够根据工艺流程调整要求及程序运行结果，对搬运、装配、码垛、涂胶等综合流程的工业机器人应用程序进行调整

2. 工业机器人应用领域一体化教学创新平台（BNRT-IRAP-R3）简介

工业机器人应用领域一体化教学创新平台（BNRT-IRAP-R3）是严格按照 1+X 工业机器

人应用编程职业技能等级标准开发的实训、培训和考核一体化教学创新平台，其适用于工业机器人应用编程初、中、高级职业技能等级的培训和考核。它以工业机器人典型应用为核心，配套丰富的功能模块，可满足工业机器人轨迹、搬运、码垛、分拣、涂胶、焊接、抛光打磨、装配等典型应用场景的示教和离线编程，也可满足 RFID（射频识别）、智能相机、行走轴、变位机、虚拟调试和二次开发等工业机器人系统技术的教学。工业机器人应用领域一体化教学创新平台（BNRT-IRAP-R3）采用模块化设计，可按照培训和考核要求灵活配置，它集成了工业机器人示教编程、离线编程、虚拟调试、伺服驱动、PLC 控制、变频控制、HMI（人机界面）、机器视觉、传感器应用、液压与气动、总线通信、数字孪生和二次开发等技术。工业机器人应用领域一体化教学创新平台（BNRT-IRAP-R3）如图 1-1 所示。

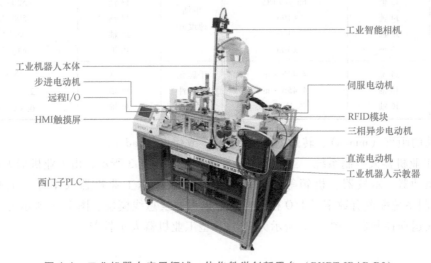

图 1-1　工业机器人应用领域一体化教学创新平台（BNRT-IRAP-R3）

3. 工业机器人应用领域一体化教学创新平台（BNRT-IRAP-R3）模块简介

（1）工业机器人本体　图 1-2 所示为 BN-R3 型工业机器人，其有效载荷为 30N、由 6 个轴串联而成，主要参数见表 1-2。

① 有效载荷是指工业机器人在工作时能够承受的最大载荷。如果将零件从一个位置搬至另一个位置，就需要将零件的重量和工业机器人手爪的重量计算在内。

② 重复定位精度是指工业机器人在完成每一个循环后，到达同一位置的精确度或差异度。

③ 最大臂展是指工业机器人机械臂所能达到的最大距离。

④ 防护等级是由两个数字组成的，第一个数字表示防尘、防止外物侵入的等级，第二个数字表示防湿气、防水侵入的密闭程度，数字越大表示其防护等级越高。

⑤ BN-R3 型工业机器人由 6 个轴串联而成，由下至上分别为 J1 轴、J2 轴、J3 轴、J4 轴、J5 轴、J6 轴，表中各轴运动范围是指每个轴的转动角度范围。

⑥ 最大单轴速度是指工业机器人单个轴运动时，参考点在单位时间

图 1-2　BN-R3 型
工业机器人

表 1-2　BN-R3 型工业机器人主要参数

型号		BN-R3	轴数		6 轴
有效载荷①		30N	重复定位精度②		±0.02mm
环境温度		0~45℃	本体质量		27kg
能耗		1kW	安装方式		任意角度
功能		装配、物料搬运	最大臂展③		593mm
本体防护等级④		IP40	电柜防护等级④		IP20
各轴运动范围⑤	J1 轴	±170°	最大单轴速度⑥	J1 轴	400°/s
	J2 轴	−135°~+85°		J2 轴	300°/s
	J3 轴	−65°~+185°		J3 轴	520°/s
	J4 轴	±190°		J4 轴	500°/s
	J5 轴	±130°		J5 轴	530°/s
	J6 轴	±360°		J6 轴	840°/s
手腕允许扭矩	J4 轴	4.45N·m	手腕允许惯性力矩	J4 轴	2.7N·m²
	J5 轴	4.45N·m		J5 轴	2.7N·m²
	J6 轴	2.2N·m		J6 轴	0.3N·m²

内能够移动的距离（mm/s）、转过的角度（°/s）或弧度（rad/s）。

（2）工业机器人控制系统　工业机器人控制系统如图 1-3 所示，由工业机器人运动控制器、伺服驱动器、示教器、机箱等组成，用于控制和操作工业机器人本体。工业机器人 ROBOX 控制系统配置有数字量 I/O 模块和工业以太网及总线模块。图 1-3a 所示为 BN-R3 型工业机器人运动控制器，图 1-3b 所示为 BN-R3 型工业机器人示教器。

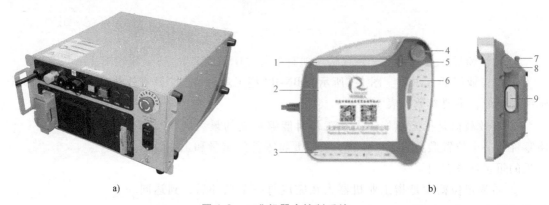

a)　　　　　　　　　　　　　　　　　　　　　　b)

图 1-3　工业机器人控制系统

a）BN-R3 型工业机器人运动控制器　b）BN-R3 型工业机器人示教器

1、3、6—薄膜面板　2—液晶显示屏　4—急停开关　5—模式旋钮　7—触摸屏用笔　8—USB 接口　9—三段手压开关

　1）示教器。示教器是操作者与工业机器人交互的设备，使用示教器，操作者可以完成控制工业机器人的所有功能。例如，手动控制工业机器人运动，编程控制工业机器人运动，设置 I/O 交互信号等。示教器基本参数见表 1-3。

　2）功能区与接口。BN-R3 型工业机器人示教器如图 1-3b 所示，示教器各部分功能见表 1-4，示教器右侧按键如图 1-4 所示，其功能见表 1-5，示教器下侧按键如图 1-5 所示，其功见表 1-6。

表 1-3　示教器基本参数

序号	项目	基本参数
1	显示器尺寸	8in TFT(1in＝0.0254m)
2	显示器分辨率	1024×768 像素
3	是否可触摸操作	是
4	功能按键	急停按钮、模式选择钥匙开关分别为自动(Auto)、手动慢速(T1)、手动全速(T2),28 个薄膜按键
5	模式旋钮	三段式模式旋钮
6	USB 接口	一个 USB 2.0 接口
7	电源	DC 24V
8	防尘、防水等级	IP65
9	工作环境	环境温度−20~70℃

表 1-4　示教器各部分功能

序号	名称	描述
1	薄膜面板③	公司 LOGO 彩绘
2	液晶显示屏	用于人机交互,操作机器人
3	薄膜面板②	含有 10 个按键
4	急停开关	双回路急停开关
5	模式旋钮	三段式模式旋钮
6	薄膜面板①	含有 18 个按键和 1 个三色指示灯
7	触摸屏用笔	代替人手进行细小按键操作
8	USB 接口	一个 USB2.0 接口,用于导入与导出文件及更新示教器
9	三段手压开关	手动模式下,按下三段手压开关,使得工业机器人处于伺服开的状态

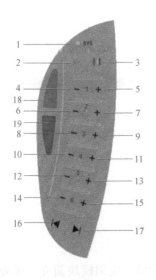

图 1-4　示教器右侧按键

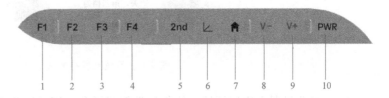

图 1-5　示教器下侧按键

6

表 1-5　示教器右侧按键功能

序号	名称	序号	名称
1	三色灯	11	J4 轴运动+
2	开始	12	J5 轴运动-
3	暂停	13	J5 轴运动+
4	J1 轴运动-	14	J6 轴运动-
5	J1 轴运动+	15	J6 轴运动+
6	J2 轴运动-	16	单步后退
7	J2 轴运动+	17	单步前进
8	J3 轴运动-	18	热键 1:慢速开关
9	J3 轴运动+	19	热键 2:步进长度开关
10	J4 轴运动-		

表 1-6　示教器下侧按键及其功能

序号	名　　称	序号	名　　称
1	多功能键 F1,用于调出/隐藏当前报警内容	6	坐标系切换
2	多功能键 F2	7	回主页
3	多功能键 F3,用于切换程序运行方式(连续、单步进入、单步跳过等)	8	速度-
4	多功能键 F4	9	速度+
5	翻页	10	伺服上电

3）如何握持示教器。左手握持示教器，点动工业机器人时，左手手指需要按下三段手压开关，使得工业机器人处于伺服开的状态，示教器握持方法如图1-6所示。

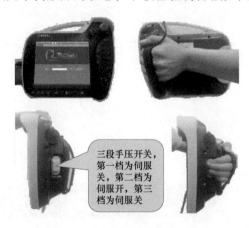

图 1-6　示教器握持方法

（3）工业机器人应用领域一体化教学创新平台（BNRT-IRAP-R3）应用模块简介　工业机器人应用领域一体化教学创新平台（BNRT-IRAP-R3）应用模块简介见表1-7。

表 1-7 工业机器人应用领域一体化教学创新平台（BNRT-IRAP-R3）应用模块简介

应用模块简介	模块示意图
1）标准培训台是由铝合金型材搭建的，其四周安装有机玻璃可视化门板，底部安装金属板，平台上安装快换支架，可根据培训项目自行更换模块位置	
2）上图为快换工具模块的整体视图，由工业机器人快换工具、支撑架、检测传感器组成。下图分别为焊接工具（A）、激光笔工具（B）、两爪夹具（C、D）及吸附工具（E）、涂胶工具（F），可根据培训项目由工业机器人自行更换快换工具，完成不同培训考核内容	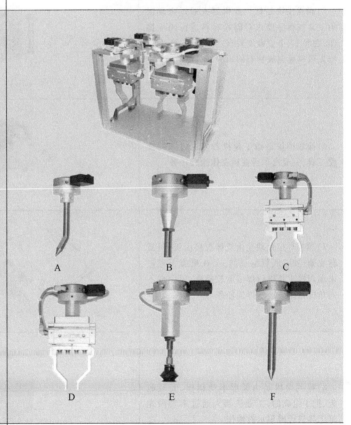
3）旋转供料模块是由旋转供料台（A）、支撑架（B）、安装底板（C）、步进电动机（D）等组成的。它采用步进驱动旋转供料，用于机器人协同作业，完成供料及中转任务	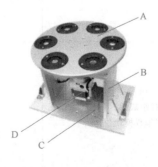

应用模块简介	模块示意图
4）原料仓储模块用于存放柔轮、波发生器、轴套，工业机器人末端两爪夹具分别将它们拾取至旋转供料模块进行装配	
5）码垛模块是指工业机器人通过末端吸附工具按程序要求对码垛物料进行码垛操作，物料上、下表面安装有定位结构，工业机器人可精确完成物料的码垛、解垛	
6）涂胶模块是指工业机器人通过末端涂胶工具，完成汽车后视镜壳体涂胶任务	
7）模拟焊接模块是由立体焊接面板、可旋转支架、安装底板组成的，工业机器人通过末端焊接工具进行焊接示教操作，可完成不同角度指定轨迹的焊接任务	
8）雕刻模块是由弧形不锈钢板、安装底板、把手组成的，工业机器人通过末端激光笔工具进行雕刻示教操作	
9）快换底座模块是由铝合金支撑板、安装底板及铝合金支撑柱组成的，上表面留有快换安装孔，便于离线编程模块快速拆装	

（续）

应用模块简介	模块示意图
10）上图为装配用样件套装（谐波减速器模型），它是由下图中的输出法兰、中间法兰、轴套、波发生器、柔轮、刚轮组成的	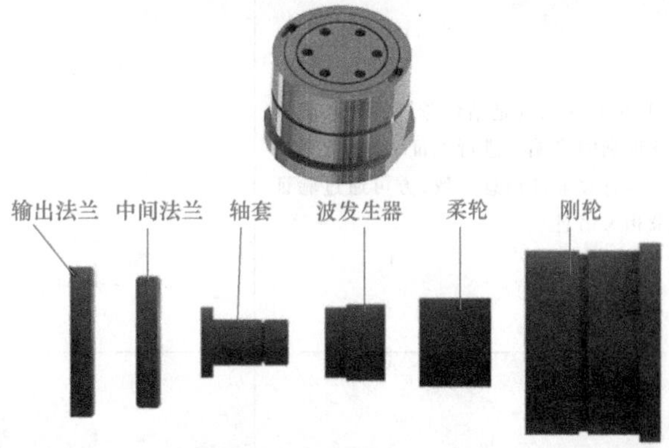 输出法兰　中间法兰　轴套　波发生器　柔轮　刚轮
11）主控系统采用西门子 S7-1200 系列 PLC，使用博途软件进行编程，通过工业以太网通信配合工业机器人完成外围控制任务	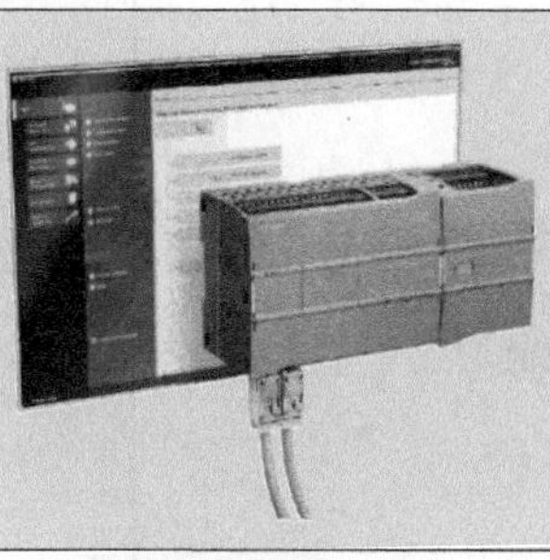
12）人机交互系统包含触摸屏、指纹机和按键指示灯，其中按键指示灯具有设备开、关机指示，模式切换指示，电源状态指示，设备急停指示等功能，触摸屏选用西门子 KTP700 面板，用于设备的数据监控操作	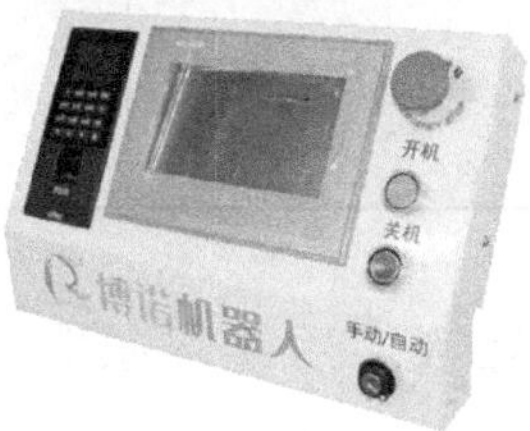
13）外围控制套件，左图为可调压油水分离器，右图为三色指示灯	 
14）考核管理系统共分为四个模块，即权限管理模块、培训管理模块、考核管理模块、证书管理模块	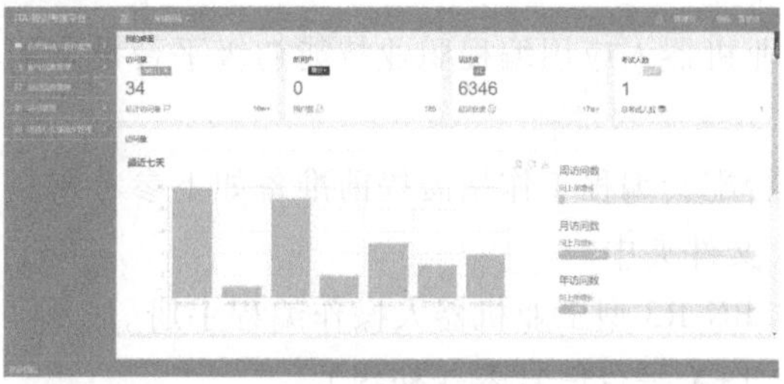

（续）

应用模块简介	模块示意图
15）身份验证系统是结合考核管理系统进行人证识别的终端。进行人证识别时，只有识别人与有效证件信息一致，方可通过验证并记录相关信息	
16）数字化监控系统是由工业以太网交换机（A）、网络硬盘录像机（B）、显示器（C）、场景监控（D）等组成的	

二、工业机器人应用编程职业技能初级平台

1. 场地准备

1）每个工位的面积至少保证有 $6m^2$，每个工位应有固定台面，采光良好，不足部分采用照明补充。

2）场地应干净整洁，无环境干扰，空气流通良好，有防火措施。实训前检查应准备的材料、设备、工具是否齐全。

3）各平台均需提供 AC 220V 电源供电设备及 0.5～0.8MPa 压缩空气，各平台电源有独立的短路保护、漏电保护等装置。

2. 硬件准备

工业机器人应用编程职业技能初级平台设备清单见表 1-8。

3. 参考资料准备

平台配套编程工作站需提前准备如下参考资料，并提前放置在"D：\ 1+X 实训 \ 参考资料"文件夹中。

1）BN-R3 型工业机器人操作编程手册。

2）1+X 平台信号表（初级）。

表 1-8 平台设备清单

序号	设备名称	数量	序号	设备名称	数量
1	工业机器人本体	1 套	10	原料仓储模块	1 套
2	工业机器人示教器	1 套	11	主控系统	1 套
3	工业机器人控制器	1 套	12	装配用样件套装	6 套
4	工业机器人应用编程标准实训台	1 套	13	人机交互系统	1 套
5	快换工具模块	1 套	14	雕刻模块	1 套
6	快换底座	1 套	15	身份验证系统	1 套
7	涂胶模块	1 套	16	外围控制套件	1 套
8	码垛模块	1 套	17	考核管理系统	1 套
9	模拟焊接模块	1 套	18	数字化监控系统	1 套

3）1+X 快插电气接口图。

4. 工、量具及防护用品准备

相关工、量具及防护用品按照表 1-9 所列清单准备，建议但不局限于表中列出的工、量具。

表 1-9 工、量具清单

序号	名称	数量	序号	名称	数量
1	内六角扳手	1 套	6	活扳手	1 个
2	一字螺钉旋具	1 套	7	尖嘴钳	1 把
3	十字螺钉旋具	1 套	8	工作服	1 套
4	验电笔	1 支	9	安全帽	1 个
5	万用表	1 个	10	电工鞋	1 双

5. 工业机器人应用编程职业技能初级平台的模块安装和接线

检查工业机器人应用领域一体化教学创新平台（BNRT-IRAP-R3）所涉及的电、气路及模块快换接口，图 1-7 所示为更换快换模块用的回字块，图 1-11 所示为电、气路快换接口。实训前根据实训任务进行布局，安装好各模块，平台所涉及的快换模块均可通过回字块进行快速安装，根据任务要求自由配置和布局，并完成接线。

（1）机械安装 图 1-7 所示为平台上的回字块，其上有四个定位孔，图 1-8 所示为快换模块安装底面，其上有四个定位销，通过回字块定位孔与快换模块安装底面定位销的配合，实现平台上各模块的快速、精确安装。通过紧固螺孔可使模块与回字块连接更加牢固，可满足不同任务需求的使用。

（2）安装样例 图 1-9 所示为平台安装前俯视图，图 1-10 所示为平台安装部分模块样例。项目一所用的快换工具模块、旋转供料模块和快换底座模块，均可通过回字块快速安装在平台上。所用涂胶模块、模拟焊接模块、码垛模块通过四个定位销和定位孔安装在快换底座模块上，培训和考核时可根据不同任务自由配置和布局各模块。

（3）电、气路安装接口 图 1-11a 所示为气路快换接口，图 1-11b 所示为电路快换接口和网口，图 1-11c 所示为快换航空插头。

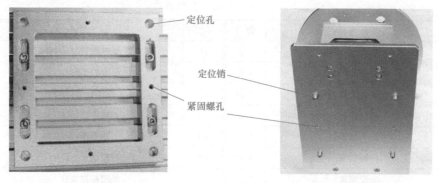

图 1-7　回字块　　　　　　　　　图 1-8　快换模块安装底面

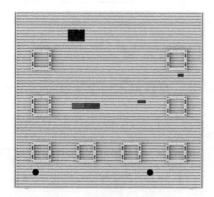

图 1-9　平台安装前俯视图

图 1-10　平台安装部分模块样例

a)

b)

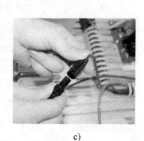
c)

图 1-11　电、气路快换接口
a）气路快换接口　　b）电路快换接口　　c）快换航空插头

6. BN-R3 型工业机器人开、关机

工业机器人应用领域一体化教学创新平台（BNRT-IRAP-R3）的电源开关位于 HMI 触摸屏的右下侧，如图 1-12 所示；BN-R3 型工业机器人控制器的电源开关位于操作面板的左下角，如图 1-13 所示。

（1）工业机器人开机　工业机器人开机步骤如下。

1）检查工业机器人周边设备、作业范围是否符合开机条件。

2）检查电路、气路接口是否正常连接。

3）确认工业机器人控制器和示教器上的急停按钮已经抬起。

4）打开平台电源开关。

图 1-12　HMI 触摸屏

图 1-13　BN-R3 型工业机器人控制器

5）打开工业机器人控制器电源开关。

6）打开气泵开关和供气阀门。

7）示教器画面自动开启，开机完成。

（2）工业机器人关机　工业机器人关机步骤如下。

1）将工业机器人控制器模式开关切换到手动操作模式。

2）手动操作工业机器人返回到原点位置。

3）按下示教器上的急停按钮。

4）按下工业机器人控制器上的急停按钮。

5）将示教器放到指定位置。

6）关闭工业机器人控制器电源开关。

7）关闭气泵开关和供气阀门。

8）关闭平台电源开关。

9）整理工业机器人周边设备、电缆、工件等物品。

（3）紧急停止按钮　紧急停止按钮也称为急停按钮，当发生紧急情况时，用户可以通过快速按下此按钮来达到保护机械设备和自身安全的目的。平台上的 HMI 触摸屏、示教器和工业机器人控制器上均设有红色紧急停止按钮。

知识拓展

工业机器人的主要性能指标如下。

1. 自由度

工业机器人的自由度是指工业机器人本体（不含末端执行器）相对于基坐标系（工业机器人坐标系）进行独立运动的数目。工业机器人的自由度表示工业机器人动作灵活的尺度，一般以轴的直线移动、摆动或旋转动作的数目来表示。工业机器人一般采用空间开链连杆机构，其中的运动副（转动副或移动副）常称为关节，关节个数通常为工业机器人的自由度，大多数工业机器人有 3~6 个运动自由度，如图 1-14 所示。

2. 工作空间

工作空间又称为工作范围、工作区域。工业机器人的工作空间是指工业机器人手臂末端或手腕中心（手臂或手部安装点）所能到达的所有点的集合，不包括手部本身所能到达的区域。由于末端执行器的形状和尺寸是多种多样的，因此为了真实反映工业机器人的特征参数，工作空间是在工业机器人未安装任何末端执行器情况下的最大空间。工业机器人外形尺

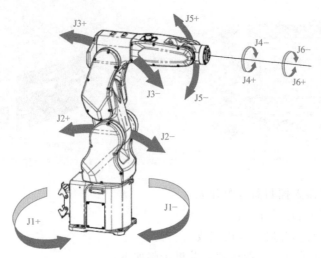

图 1-14　BN-R3 型 6 自由度工业机器人

寸和工作空间如图 1-15 所示。

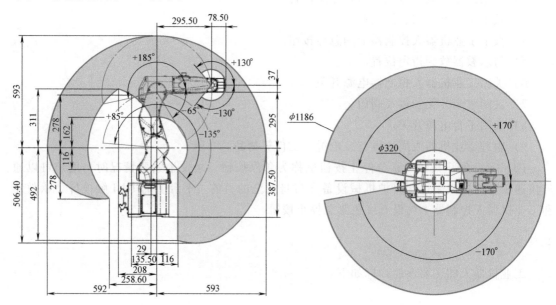

图 1-15　工业机器人外形尺寸和工作空间

工作空间的形状和大小是十分重要的，工业机器人在执行某作业时可能会因为存在手部不能到达的作业死区而不能完成任务。

3. 有效载荷能力

有效载荷是指工业机器人在工作时能够承受的最大载重。如果将零件从一个位置搬至另一个位置，就需要将零件的质量和工业机器人手部的质量计算在有效载荷内。目前使用的工业机器人负载范围为 0.5~800kg。

4. 工作精度

工作精度是指定位精度（也称为绝对精度）和重复定位精度。定位精度是指工业机器人手部实际到达位置与目标位置之间的差异，用反复多次测试的定位结果的代表点与指定位置之间的距离来表示。重复定位精度是指工业机器人在完成每一个循环后，到达同一位置的精确度/差异度，以实际位置值的分散程度来表示。目前，工业机器人的重复定位精度可达±（0.01~0.5）mm。工业机器人典型行业应用的重复定位精度见表1-10。

表 1-10 工业机器人典型行业应用的重复定位精度

作业任务	额定负载/kg	重复定位精度/mm
搬运	5~200	±（0.2~0.5）
码垛	50~800	±0.5
点焊	50~350	±（0.2~0.3）
弧焊	3~20	±（0.08~0.1）
涂胶	5~20	±（0.2~0.5）
装配	2~5	±（0.02~0.03）
	6~10	±（0.06~0.08）
	10~20	±（0.06~0.1）

评价反馈

评价反馈见表1-11。

表 1-11 评价反馈

基本素养（30分）			
序号	评估内容	自评	互评	师评
1	纪律（无迟到、早退、旷课）（10分）			
2	安全规范操作（10分）			
3	团结协作能力、沟通能力（10分）			
理论知识（40分）			
序号	评估内容	自评	互评	师评
1	平台各模块名称及功能（10分）			
2	工业机器人应用编程职业技能初级标准内容（20分）			
3	工业机器人性能指标包含内容（10分）			
技能操作（30分）			
序号	评估内容	自评	互评	师评
1	工业机器人示教器的使用（10分）			
2	平台功能模块安装（10分）			
3	各种快换接口的安装（5分）			
4	工业机器人的开、关机操作（5分）			
综合评价			

练习与思考题

一、填空题

1）工业机器人应用领域一体化教学创新平台是严格按照《工业机器人应用编程职业技能等级标准》开发的实训、培训和考核一体化教学创新平台，其适用于工业机器人应用编程_____、_____、_____职业技能等级的培训考核。

2）工业机器人工作精度是指_____（也称为绝对精度）和_____。

3）工业机器人的自由度是指工业机器人本体（不含末端执行器）相对于_____进行独立运动的数目。

4）工业机器人负载范围为_____。

5）工业机器人的重复定位精度可达_____。

二、简答题

1）工业机器人应用领域一体化教学创新平台（BNRT-IRAP-R3）的初级培训考核需要哪些模块？

2）工业机器人的性能指标主要有哪些？

项目二　工业机器人涂胶应用编程

学习目标

1. 能够通过示教器设定工业机器人手动、自动运行模式；能够根据工作任务设定运行速度；能够根据安全规程，正确启动、停止工业机器人，安全操作工业机器人，及时判断外部危险情况，操作紧急停止按钮等安全装置。

2. 能够根据操作手册设定语言界面、应用设置；能够根据工作任务的要求使用示教器，对工业机器人进行单轴、线性操作。

3. 能够根据工作任务的要求，手动安装涂胶工具，编制工业机器人涂胶应用程序并根据工艺流程对程序进行调整。

工作任务

一、工作任务的背景

涂胶机器人作为一种典型的涂胶自动化装置，具有工件涂层均匀，重复精度好，通用性强、工作效率高的优点，能够将工人从有毒、易燃、易爆的工作环境中解放出来，该工业机器人已在汽车、工程机械制造、3C 产品及家具建材等领域得到广泛应用，如图 2-1 所示。

图 2-1　玻璃涂胶机器人

人工涂胶和工业机器人涂胶如图 2-2 所示，机器人涂胶的产品质量优势显著。涂胶机器人涂胶质量的影响因素主要有以下几点。

1）固定胶枪使用用户坐标系，工业机器人输出 TCP（工具中心点）速度才能较真实地反映涂胶速度。

2）涂胶过程速度不宜太快或波动太大，轨迹尽量平滑，涂胶质量才能得到保证。

3）胶枪枪头粗细、涂胶机设置最大流量和工业机器人涂胶行走速度，这三者需要经验来进行调试优化，涂胶质量优化也是从这三个方面进行。

4）只要速度波动不大，理论上工业机器人涂胶轨迹走圆弧时涂胶质量不受影响，不需要特意将速度减小。

5）涂胶机器人调试过程中需要严格按照说明书中的时序图进行控制，质量、安全才可得到保证，起始速度值和开、关胶枪也有先后顺序，使用时需要特别注意。

图 2-2　人工涂胶和工业机器人涂胶

采用工业机器人涂胶可使涂胶工作效率大幅提高，省去大量人力，降低人工成本。但是在实际使用过程中，各参数必须设置合理，否则会出现严重质量问题，故对工艺人员技能有一定要求。涂胶工业机器人系统在正常维护下至少可运行 10 年以上。随着大批量全自动化涂胶生产线兴起，涂胶机器人系统将具有更加广泛的市场前景和发展潜力。

二、所需要的设备

工业机器人涂胶系统涉及的主要设备包括：工业机器人应用领域一体化教学创新平台（BNRT-IRAP-R3）、BN-R3 型工业机器人本体、工业机器人控制器、示教器、气泵、涂胶工具和涂胶模块。涂胶机器人设备组成如图 2-3 所示。

a)　　　　　　b)　　　　　　c)　　　　　　d)　　　　　e)　　　　　f)

图 2-3　涂胶机器人设备组成

a）示教器　b）控制器　c）BN-R3 型工业机器人本体　d）气泵　e）涂胶工具　f）涂胶模块

三、任务描述

将涂胶模块安装在工作台指定位置，在工业机器人末端手动安装涂胶工具，创建并正确命名程序，文件可命名为"gelatinize"，也可由操作者自己命名。进行工业机器人示教编程时，须调用根据任务要求所创建的基坐标系。按下启动按钮后，工业机器人自动从工作原点开始，沿着红色曲线指定的涂胶轨迹，按照 1→2→3→4 的顺序进行涂胶操作，在涂胶过程中，涂胶工具垂直向下，其末端处于胶槽正上方与胶槽边缘上表面处于同一水平面，且不能触碰胶槽边缘，完成涂胶操作后工业机器人返回工作原点。工作任务如图 2-4 所示。

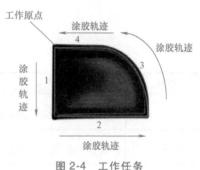

图 2-4 工作任务

实践操作

一、知识储备

1. 设备检查

1）检查工业机器人本体是否固定到位。

2）检查打包运输时的固定夹具和橡胶垫是否拆除。

2. 系统连接

1）连接工业机器人本体到控制器动力线电缆上。

2）连接工业机器人本体到控制器编码器电缆上。

3）连接示教器到控制器上。

4）连接控制器电源到外部电源上。

5）接通控制器电源之前，将地线连接到机构部和控制部。

3. 系统上电

完成上述操作后，使用控制器上的电源开关启动系统，如果一切正常，从示教器上可以看到系统自动进入登录界面，用户可以根据不同的权限操作机器人。

4. 示教器操作

（1）示教器界面 博诺 BN-R3 型工业机器人示教器的界面布局分为状态栏、任务栏和显示区三个部分，界面布局如图 2-5 所示。

图 2-5 界面布局

（2）状态栏　状态栏显示了工业机器人工作状态，如图 2-6 所示，状态栏图标介绍见表 2-1。

图 2-6　状态栏

表 2-1　状态栏图标介绍

序号	描　述
1	桌面按键：，单击按键进入桌面界面
2	机型显示：ER3A，双击截图，长按 2s 导出截图
3	状态显示按键：正常，正常；错误，错误。单击进入报警日志界面
4	急停信号状态：，正常；，急停
5	伺服状态：S，伺服关；S，伺服开
6	程序运行模式：R，程序未运行；R，程序运行中
7	继续：程序开始执行后，一直运行到程序末尾才结束执行 单步跳过：主程序每执行一行后都将停下，当执行子程序时会进入子程序的界面，并且一次性运行完子程序内全部指令 单步进入：主程序每执行一行后都将停下，当执行子程序时会进入子程序的界面，并且在子程序中每执行一行都停下 运动跳过：主程序每执行至一条运动指令前停下，当执行子程序时会进入子程序的界面，并且一次性运行完子程序内全部指令 运动进入：主程序每执行至一条运动指令前停下，当执行子程序时会进入子程序的界面，并且在子程序中每执行至一条运动指令前停下
8	工业机器人运行模式：手动慢速　手动全速　自动
9	工业机器人运动坐标系：关节，机器人，工具，用户
10	当前工具坐标系：tool0
11	当前工件坐标系：wobj0
12	工业机器人运行速度：10%

（3）任务栏　任务栏中显示的是已打开的 App 界面快捷按键。其中，"登录""文件""程序"和"监控"是默认一直显示的，其余显示的是在桌面中打开的各 App，任务栏如图 2-7 所示。

登录	文件	程序	监控	设置	

图 2-7 任务栏

（4）桌面 博诺 BN-R3 型工业机器人的设置和功能 App 都放置在桌面上，单击 App 图标进入相应的 App 界面。桌面布局如图 2-8 所示。

图 2-8 桌面布局

5. 系统参数设置

博诺 BN-R3 型工业机器人能够提供操作者、工程师、管理员三个权限等级的账号，操作权限划分见表 2-2，默认登录账号为操作者。可以进行账号切换，在密码弹窗中输入密码，单击"登录"按钮，即可登录相应账号，以管理员身份登录后可对系统参数进行设置。系统参数设置见表 2-3。

表 2-2 操作权限划分

	操作者	工程师	管理员
登录	√	√	√
监控	√	√	√
程序	×	√	√
文件	×	×	√
密码	—	666666	999999

6. 手动操作

以管理员身份登录后，单击任务栏"监控"，然后单击"位置"，在弹出的界面中可查看工业机器人在当前关节坐标系和机器人坐标系下的位置。位置监控界面如图 2-9 所示。

表 2-3　系统参数设置

操作步骤及说明	示意图
1）示教器起始画面。打开示教器后显示示教器起始画面，鼠标单击登录密码输入框	
2）输入密码。完成步骤1所述操作后，弹出"密码"输入界面，输入密码"999999"，单击绿色"√"按钮	
3）登录。单击"登录"按钮，登录成功（系统操作权限划分见表2-2）	

22

（续）

操作步骤及说明	示意图
4）进入设置界面。单击左上角博诺图标就可进入博诺 BN-R3 型工业机器人的 App 界面，单击"设置"图标进入设置界面	
5）环境参数设置。"系统"设置上半区域为"语言"设置，"语言"设置用于切换界面显示语言。目前有中文、英文和意大利文三种语言可选，单击国旗图标即可切换到对应的语言	
6）修改工业机器人 IP 地址。"系统"设置下半区域为"IP 设置"，单击"编辑"按钮后输入密码"1975"，就可进行 IP 地址的修改	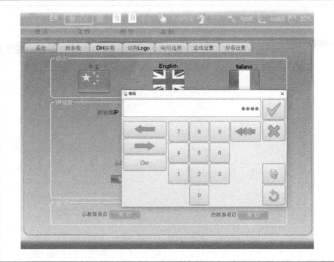

（续）

操作步骤及说明	示意图
7）设置完成。修改完成后，单击"保存"按钮，弹出"提示"对话框，单击"是"按钮	
8）重启工业机器人。工业机器人 IP 地址修改后，需要重启使其生效，依次单击"重启"→"是"完成工业机器人"系统"参数设置	

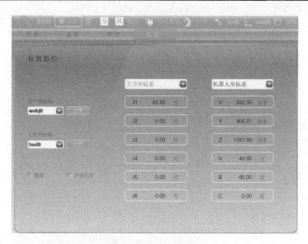

图 2-9　位置监控界面

单击示教器下侧薄膜面板上的"⤵"按键可进行坐标系类型切换，如图 2-10 所示。切换顺序依次为关节坐标系、机器人坐标系、工具坐标系、用户（工件）坐标系，切换结果显示于示教器状态栏位置。

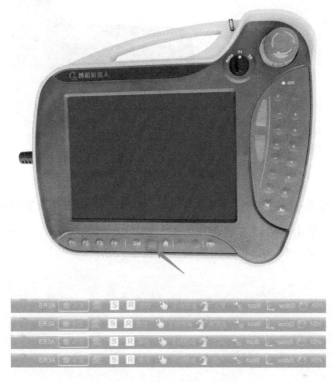

图 2-10　坐标系类型切换

（1）坐标系介绍　坐标系是一种位置指标系统，其作用是确定工业机器人处于空间中的位置及其姿态。工业机器人根据不同的参考对象，使用以下 4 种坐标系。

1）关节坐标系。关节坐标系是设定在工业机器人关节中的坐标系。在关节坐标系中，以各个关节底座侧的原点角度为基准，关节坐标系中的数值为关节沿正、负方向转动的角度值。

2）机器人坐标系。机器人坐标系中的工业机器人的位置和姿态，通过从空间上的直角坐标系原点到工具侧的直角坐标系原点（工具中心点）的坐标值 X、Y、Z 和空间上的直角坐标系相对 Z 轴、Y 轴、X 轴周围的工具侧的直角坐标系的回转角（指机械臂水平面内转动的角度）A、B、C 予以确定。

3）工具坐标系。工具坐标系是安装在工业机器人末端的工具坐标系，其原点及方向都是随着末端位置与角度不断变化的，该坐标系实际是由机器人坐标系通过旋转和位移变换得出的。

4）用户（工件）坐标系。用户坐标系又称为用户自定义坐标系，是用户对每个作业空间进行定义的直角坐标系，该坐标系实际是对基坐标系通过轴向偏转角度变换得出的。

（2）关节坐标系-点动操作　将坐标系类型设置为关节坐标系，单击示教器下侧薄膜面板上的坐标系按键"⤵"直到示教器状态栏中显示"⟲关节"状态。

按住三段手压开关的同时，单击示教器右侧薄膜面板上相应关节轴的"－""＋"按键，如图 2-11 所示，就可调节工业机器人相应关节轴的运动角度。

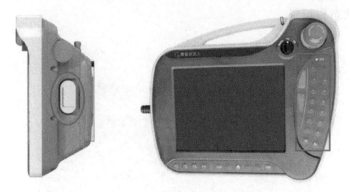

图 2-11　三段手压开关和点动按钮位置

（3）机器人坐标系-点动操作　图 2-12 所示为机器人坐标系下位置监控界面，切换坐标系为"　机器人"，单击示教器右侧薄膜面板上相应关节轴的"－"、"＋"按键，就可沿机器人坐标系的 X、Y、Z、A、B、C 方向移动工业机器人。

图 2-12　机器人坐标系下位置监控界面

（4）点动-快速运动　将工业机器人运行模式开关转动至中间位置（T1），此时状态栏中的图标变更为"手动慢速"。将工业机器人运行模式开关转动至右侧位置（T2），此时状态栏中的图标变更为"手动全速"。

在"手动全速"模式下，通过调速按键"V＋"和"V－"调整全局速度，其速度范围可设置为 0%～100%。相应的，在"手动慢速"模式下，其速度范围可设置为 0%～20%。

选择"手动全速"模式且全局速度调整为 100%，取消勾选"慢速"复选按钮，如图 2-13 所示，在这种设置下执行点动操作，工业机器人轴运动速度较快，坐标系上的数值会以较快幅度发生变化。

（5）点动-慢速运动　选择"手动全速"模式且全局速度调整为 100%，勾选"慢速"

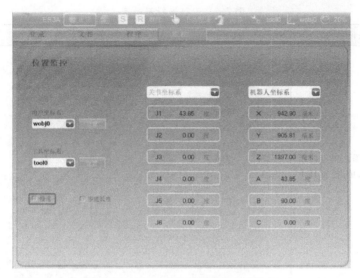

图 2-13　取消勾选"慢速"复选按钮

复选按钮，如图 2-14 所示，在这种设置下执行点动操作，工业机器人轴运动速度较慢，坐标系上的数值会以较慢幅度发生变化。

（6）点动-步进运动　勾选"步进长度"复选按钮设置步长，如图 2-15 所示，设置步长为 15 且坐标系为关节坐标系，单击示教器右侧薄膜面板上的相应关节轴的"–""+"按键，工业机器人相应关节轴就以 15°为单位运动。

图 2-14　勾选"慢速"复选按钮

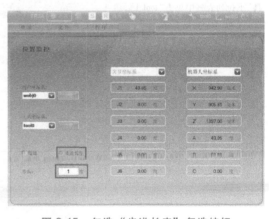

图 2-15　勾选"步进长度"复选按钮

7. 建立工具坐标系

工业机器人工具坐标系有三种标定方法。

1）TCP& 默认方向：方向与法兰末端一致。

2）TCP&Z：工具的 Z 方向需要标定确定。

3）TCP&Z、X：工具的 Z、X 方向需要标定确定。

这里以 TCP& 默认方向标定为例，工具坐标系标定见表 2-4。

8. 建立用户坐标系

标定用户坐标系的具体步骤见表 2-5。

表 2-4　工具坐标系标定

操作步骤及说明	示意图
1）选择工具坐标系。单击博诺图标进入 App 桌面，单击"工具坐标系"图标	
2）选择 TCP& 默认方向。在"工具"下拉列表框中单击"tool 1"，然后在"方法"下拉列表框中单击"TCP& 默认方向"单击"标定"按钮，进入标定界面	
3）标定第 1 个点。将工业机器人末端 TCP 与下方的尖点相接触，单击"示教"按钮，进入下一界面，需要重复示教 4 个不同姿态下的点位	

（续）

操作步骤及说明	示意图
4）标定第 2、3、4 个点。将工业机器人末端 TCP 与下方的尖点相接触，单击"示教"按钮，进入下一界面，直到第 4 个点标定完成	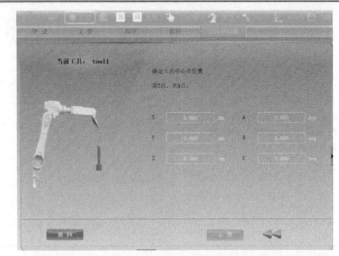
5）计算。当第 4 个点位示教完毕时，单击"计算"按钮，完成 TCP 点位的计算 注：标定点是工业机器人以不同的姿态去对准同一个尖点	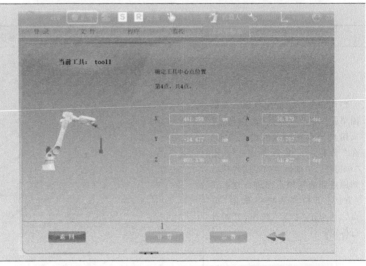
6）保存工具坐标系。单击"保存"按钮，将当前计算结果保存到指定的工具中	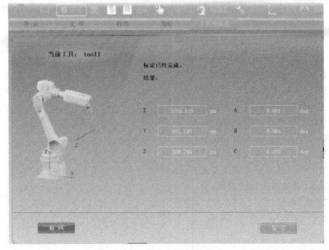

（续）

操作步骤及说明	示意图
7）激活工具坐标系。单击"激活"按钮，将当前的工具设置为已激活的工具，单击"退出"按钮，可返回设置界面	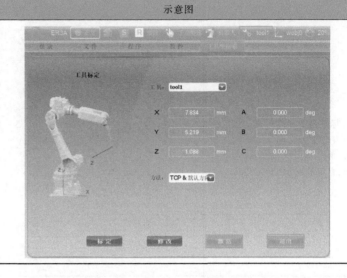

表 2-5　用户坐标系标定

操作步骤及说明	示意图
1）用户坐标系标定界面。在桌面单击"用户坐标系"的图标，进入用户坐标系标定的设置界面。在"名称"下拉列表框中单击"wobj1"。手动标定的方法包括已知原点和未知原点两种方法。在"方法"下拉列表框中单击"原点"，再单击"标定"按钮，开始进行标定	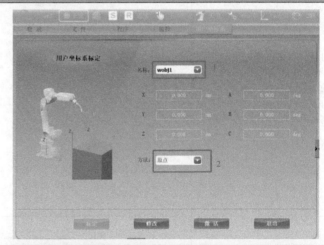
2）标定第一点。在单击"标定"按钮后，进入标定界面，开始标定第一点。移动工业机器人至所需用户坐标系的原点位置，单击"示教"按钮，将当前工业机器人位置记录下来。示教正确后直接就会跳转到下一点的标定界面。若未标定完成，需要结束标定过程，可单击"返回"按钮	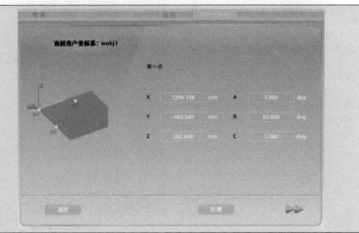

（续）

操作步骤及说明	示意图
3）标定第二点、第三点。第二点示教位置为 X 轴正方向上，其标定过程与标定第一点过程相同。第三点为 XY 平面上任意点，注意标定的三点不能在一条直线上，且两点间距离应大于10mm。示教完当前位置，单击右箭头图标标定下一点，单击左箭头图标可查看上一点	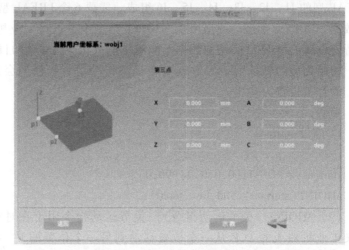
4）计算。标定完第三点后，"计算"按钮会出现，单击"计算"按钮后，界面会跳转至标定结果界面	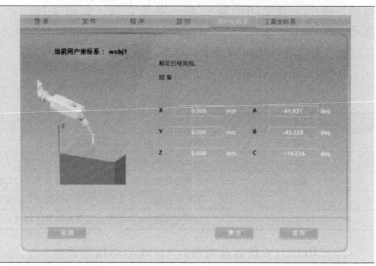
5）保存标定结果。单击"保存"按钮，将当前计算结果保存到指定的用户坐标系中。单击"激活"按钮，将当前的用户坐标系设置为已激活的用户坐标系。单击"返回"按钮，可返回设置界面	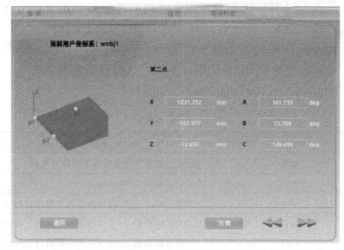

9. 指令介绍

（1）POINTJ（关节位置数据） 这种类型的数据用于确定工业机器人关节的位置，由 LREAL 型的 J1、J2、J3、J4、J5、J6 组成。需要 6 个 LREAL 型值并使用 POINTJ 函数设置此类数据。POINTJ 类型的数据用于 MJOINT 指令中，可将工业机器人移动到由关节位置定义的特定位置。POINTJ 类型的数据不能用作笛卡儿空间运动的目标。

初始化后的默认值是无效点（在移动指令中直接使用会出现错误），J1、J2、J3、J4、J5、J6 都被设置为 0.0。

示例：

POINTJ startpos

…

startpos: = POINTJ(0,0,0,0,-90,0);

MJOINT(startpos,v500,fine,tool0);

（2）MJOINT（关节运动指令） 关节运动指令用于在对路径精度要求不高的情况下，定义工业机器人的 TCP 从一个位置移动到另一个位置的运动，两个位置之间的路径不一定是直线，如图 2-16 所示。

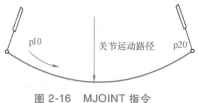

图 2-16 MJOINT 指令

关节运动指令 MJOINT 的格式如下，指令解析见表 2-6。

MJOINT(p20,v1000,fine,tool1,wobj1);

表 2-6 MJOINT 指令解析

参数	含 义
p20	目标点在关节坐标系下的位置数据
v1000	运动速度为 1000mm/s
fine	区域为圆弧过渡，圆弧角度值范围为 0.0~1E200
tool1	工具坐标数据，定义当前指令使用的工具坐标系
wobj1	工件坐标数据，定义当前指令使用的工件坐标系

（3）MLIN（直线运动指令） 直线运动指令是指工业机器人的 TCP 从起点到终点之间的路径保持为直线，一般在涂胶、焊接等路径要求较高的场合常使用直线运动指令 MLIN，如图 2-17 所示。

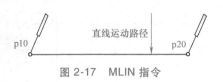

图 2-17 MLIN 指令

直线运动指令 MLIN 的格式如下，指令解析见表 2-7。

MLIN(p20,v1000,fine,tool1,wobj1);

表 2-7 MLIN 指令解析

参数	含 义
p20	目标点在笛卡儿坐标系下的位置数据
v1000	运动速度为 1000mm/s
fine	区域为圆弧过渡，圆弧角度值范围为 $0.0 \sim 1 \times 10^{200}$
tool1	工具坐标数据，定义当前指令使用的工具坐标系
wobj1	工件坐标数据，定义当前指令使用的工件坐标系

（4）MCIRC（圆弧运动指令） 圆弧运动指令在工业机器人可到达的空间范围内定义三个位置点，第一个点是圆弧的起点，第二个点用于定义圆弧的曲率，第三个点是圆弧的终点，如图 2-18 所示。

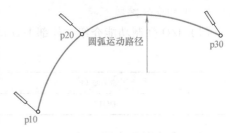

图 2-18 MCIRC 指令

圆弧运动指令 MCIRC 的格式如下，指令解析见表 2-8。

MLIN（p10,v1000,fine,tool1,wobj1）；

MCIRC（p20,p30,v1000,fine,tool1,wobj1）；

表 2-8 MCIRC 指令解析

参数	含 义
p10	圆弧的第一个点在笛卡儿坐标系下的位置数据
p20	圆弧的第二个点在笛卡儿坐标系下的位置数据
p30	圆弧的第三个点在笛卡儿坐标系下的位置数据
v1000	运动速度为 1000mm/s
fine	区域为圆弧过渡，圆弧角度值范围为 0.0~1E200
tool1	工具坐标数据,定义当前指令使用的工具坐标系
wobj1	工件坐标数据,定义当前指令使用的工件坐标系

二、任务实施

1. 运动轨迹规划

工业机器人拾取胶枪，沿轨迹进行涂胶作业，运动路径按照 1→2→3→4 的顺序，如图 2-19 所示。

本次涂胶编程的变量总共有 7 个，分别为"home""point0""point1""point2""point3""point4""point5"，其中"home"点为 BN-R3 型工业机器人的机械原点，"point0"位于"point1"的正上方，"point1""point2""point3""point4""point5"为编程的关节点，如图 2-20 所示。

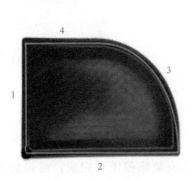

图 2-19 工作任务

图 2-20 涂胶变量位置

2. 手动安装涂胶工具

（1）I/O 强制功能介绍　外部 I/O 口功能说明见表 2-9。

表 2-9　外部 I/O 口功能说明

外部 I/O 口	功能说明
DO13	快换固定

34

（2）手动安装涂胶工具

1）打开示教器的 I/O 控制界面，如图 2-21 所示。

图 2-21　打开示教器 I/O 控制界面

2）单击"DO13"，使"DO13"强制输出为 1，如图 2-22 所示。

3）将涂胶工具前端安装在接口法兰处，手动安装涂胶工具，如图 2-23 所示。

图 2-22　强制输出"DO13"

图 2-23　手动安装涂胶工具

4）再次单击"DO13"，停止输出快换固定，手动安装涂胶工具完成，可以进行程序建立。

3. 示教编程

BN-R3 型工业机器人涂胶应用编程的过程见表 2-10。

表 2-10　涂胶应用编程

操作步骤及说明	示意图
1）进入新建文件界面。以管理员身份登录示教器，单击任务栏中的"文件"进入新建文件界面	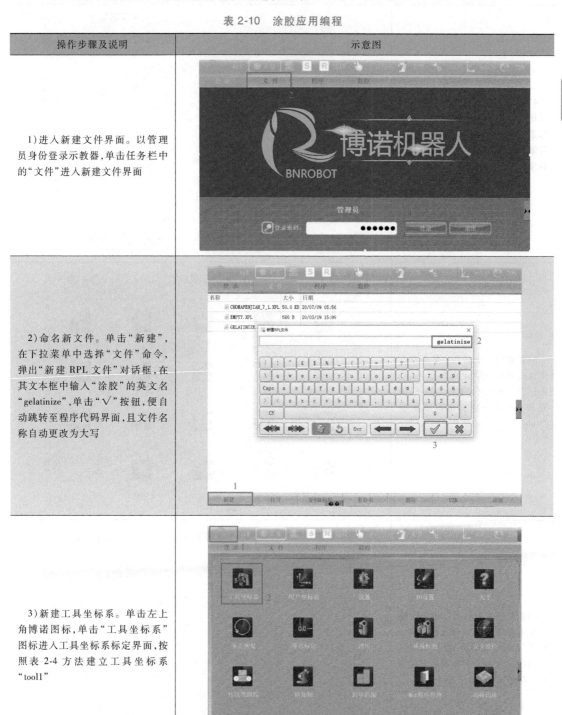
2）命名新文件。单击"新建"，在下拉菜单中选择"文件"命令，弹出"新建 RPL 文件"对话框，在其文本框中输入"涂胶"的英文名"gelatinize"，单击"√"按钮，便自动跳转至程序代码界面，且文件名称自动更改为大写	
3）新建工具坐标系。单击左上角博诺图标，单击"工具坐标系"图标进入工具坐标系标定界面，按照表 2-4 方法建立工具坐标系"tool1"	

（续）

操作步骤及说明	示意图
4）激活工具坐标系。工具坐标系标定完成，选择所标定的工具坐标系"tool1"并单击"激活"按钮，若激活成功，状态栏将显示当前工具坐标系为"tool1"	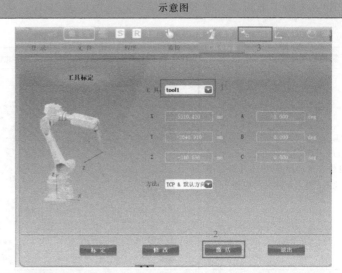
5）新建用户坐标系。单击左上角博诺图标，单击"用户坐标系"图标进入用户坐标系标定界面，按照表 2-5 方法建立用户坐标系"wobj1"	
6）激活用户坐标系。用户坐标系标定完成，选择所标定的用户坐标系"wobj1"并单击"激活"按钮，若激活成功，状态栏将显示当前用户坐标系为"wobj1"	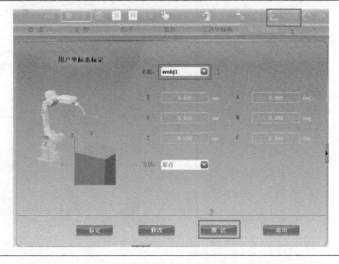

（续）

操作步骤及说明	示意图
7）新建变量位置概览。右图为涂胶应用编程需要建立的变量点位置，"point0"为涂胶进入点的正上方点，"point1"为涂胶进入点和结束点"point2""point3""point4""point5"为涂胶编程的关节点，外加工业机器人机械原点。本次编程需建立 7 个变量来记录 7 个点位信息	
8）打开新建变量界面。单击任务栏中的"程序"，自动跳转至刚刚新建的"GELATINIZE"文件，再单击"变量"按钮	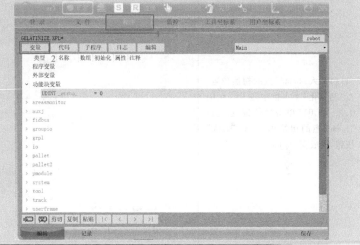
9）新建"home"变量。单击"功能块变量"→" 🔤 "，再单击"变量名称"文本框中的"var"，在弹出 Edit text 对话框的文本框中输入"home"，单击"√"按钮	

（续）

操作步骤及说明	示意图
10）更改变量类型。在"变量类型"的下拉列表框中单击"POINTJ"	
11）输入"home"点的初始位置。在"初始化"文本框中输入"（0,0,0,0,-90,0）"单击"√"按钮，完成"home"点的初始化，单击"确认"按钮，完成变量"home"的新建	
12）新建"point0"变量。单击""，再单击"变量名称"文本框中的"var"，在弹出 Edit text 对话框的文本框中输入"point0"，单击"√"按钮，在"变量类型"的下拉列表框中单击"POINTJ"，单击"确认"按钮，完成变量"point 0"的新建	

38

（续）

操作步骤及说明	示意图
13）记录"point0"变量位姿信息。手动控制工业机器人，将工业机器人从初始位置移至"point0"位置，选中"point0"所在行并单击"记录"按钮（此时记录的是工业机器人6个关节的角度信息）	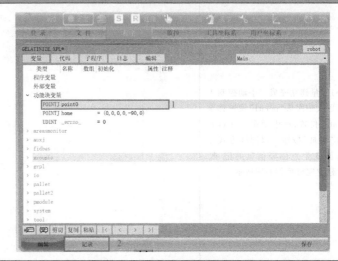
14）新建"point1"变量。单击""，再单击"变量名称"文本框中的"var"，在弹出窗口的文本框中输入"point1"，单击"√"按钮，并在"变量类型"的下拉列表框中单击"POINTC"，然后单击"确定"按钮	
15）记录"point1"变量位姿信息。手动控制工业机器人，将工业机器人从上一位置"point0"移至"point1"位置，选中"point1"所在行并单击"记录"按钮	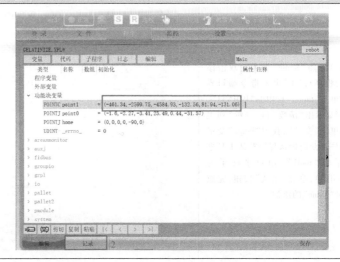

（续）

操作步骤及说明	示意图
16）变量建立完成。手动控制工业机器人依次从"point1"位置移至"point2"位置，选中变量所在行并单击"记录"按钮。以同样方式完成后面 3 个点位姿信息的记录。变量建立完成后如右图所示	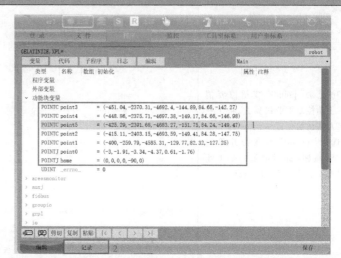
17）添加关节运动指令。当添加完全部的变量后，单击"代码"按钮进入程序编辑界面后，单击程序行"1"，再单击"MJointPJ"	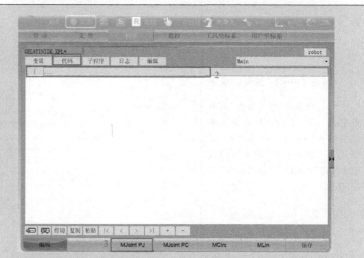
18）添加"home"变量。双击添加的程序行"1"进入指令编辑界面，单击"target"行中的"POINTJ"，右侧显示出"函数"和"变量"列表框，单击"变量"，找到"home"变量并双击（此时确认程序默认工具坐标系为"tool1"，用户坐标系为"wobj1"），单击"确认"按钮，完成变量"home"的添加	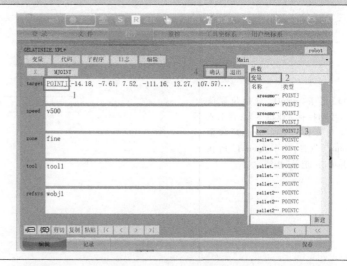

40

（续）

操作步骤及说明	示意图
19）完成关节运动指令添加。按照上述操作步骤17）、18），通过关节运动指令完成程序行"2"的编辑，并完成"point0"变量的添加，完成关节运动指令后如右图所示	
20）添加直线运动指令。单击程序行"3"，再单击"MLin"	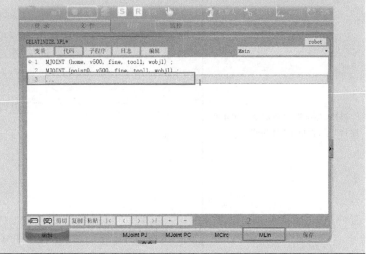
21）添加变量"point1"。双击添加的程序行"3"进入指令编辑界面，单击"target"行中的"POINTC"，右侧显示出"函数"和"变量"列表框，单击列表框中的"point1"，单击"确认"按钮，完成变量"point1"的添加	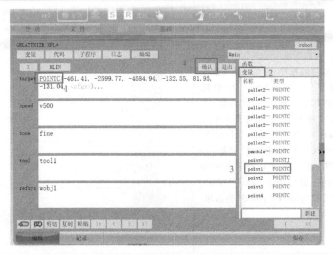

（续）

操作步骤及说明	示意图
22）完成直线运动指令添加。按照上述操作步骤 20）、21），通过直线运动指令依次完成程序行"4""5"的编辑，并完成变量"point2""point3"的添加，完成直线运动指令后如右图所示	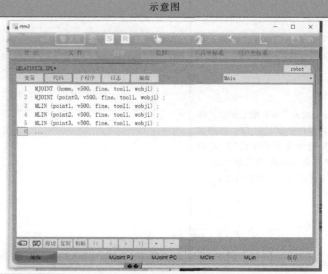
23）添加圆弧运动指令。单击程序行"6"，再单击"MCirc"	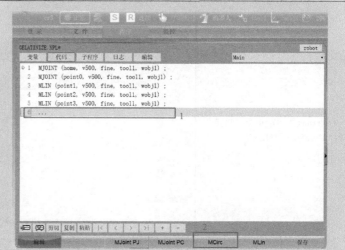
24）添加变量"point4""point5"。双击添加的程序行"6"，进入指令编辑界面，单击"aux"行中的"POINTC"，右侧显示出"函数"和"变量"列表框，单击列表框中的"point4"。单击"target"行中的"POINTC"，右侧显示出"函数"和"变量"列表框，单击列表框中的"point5"，最后单击"确认"按钮，完成变量"point4""point5"的添加	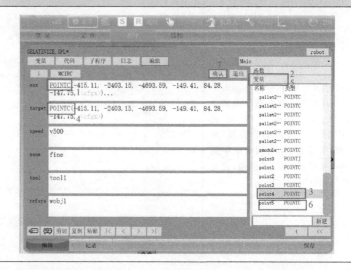

（续）

操作步骤及说明	示意图
25）完成圆弧运动指令添加。按照上述操作步骤 23）、24），添加一条直线运动命令并添加变量"point1"，添加两条关节运动指令，并添加"point0""home"变量。至此，涂胶应用编程完成，如右图所示	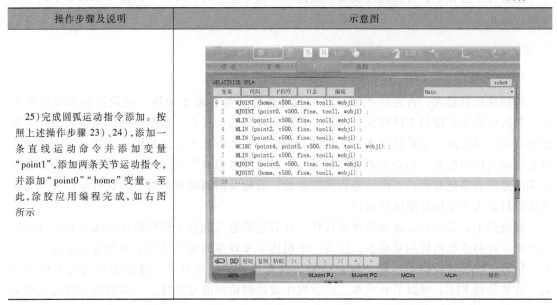

4. 程序调试与运行

（1）调试目的　完成程序的编辑后，需要对程序进行调试，调试的目的如下。

1）检查程序的位置点是否正确。

2）检查程序的逻辑控制是否运行正常。

（2）调试过程

1）切换至单步运行。在运行程序前，需要将工业机器人伺服使能（将工业机器人控制器模式开关切换到手动操作模式，并按下三段手压开关），单击"F3"键切换至"单步进入"状态。

2）单击"编辑"按钮则退出编辑界面，选中程序行"1"，单击"Set PC"按钮对程序进行单步点动操作，如图 2-24 所示。

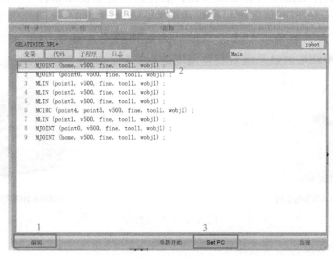

图 2-24　单步点动操作

运行程序过程中，若发现可能发生碰撞、失速等危险时，应该及时按下示教器上的急停按钮，防止发生人身伤害或工业机器人损坏。

知识拓展

1. 如何选择合适的涂胶机器人

选择涂胶机器人，首先应了解涂胶的胶体性能，是否需要加热、流量控制和黏性调节等；其次应确定点涂的工件特征、所需运动机构及其运动过程，根据这些因素确定工作的幅面和有效运动范围。如果使用多种工件进行涂胶，要考虑最大工件所需的空间，还应保证夹具和运动机构的配合，是否需要到位信号等；最后应考虑有什么特殊的工作属性，例如是否需要两把或者多把胶枪，工作后是否需要换枪，胶枪及附属结构的重量，这样能够完全勾勒出涂胶机器人的结构并准确地选择。

在电控上，需要确定运动的速度属性，在合适的电气配置上根据胶体的浓度和流量来控制速度。控制系统的使用是难点，因为一个机构需要较多的电气信号，例如安全信号、工件到位信号、涂胶开始信号、紧急停止信号、涂胶任务完成信号等，这都需要通过 I/O 来完成，需要外接 PLC，可以节省成本，减少发生故障时检测的复杂性。一般的涂胶机器人都是伺服控制，所以系统有多种选择，控制信号有数字量或模拟量，根据自己习惯选择即可。

2. 如何选择胶体温度控制系统

随着技术的不断发展，工业用胶的需求量不断增加，目前工业用胶主要应用在汽车、家具、造船、航空航天、建筑、包装、电气电子等行业。工业用胶主要分为丙烯酸型黏合剂、厌氧胶、瞬干环氧树脂胶、热熔胶、聚氨酯型黏合剂、硅胶、UV 固化黏合剂等。对于不同的胶体，其最适合的温度不同，所以在不同行业选择不同的胶体时，应该注意选择合适的胶体温度控制系统。在汽车行业，主要用丙烯酸型黏合剂对车窗等进行密封涂胶，分析此胶体的材料特性得出以下结论：当胶体温度低于 25℃ 时，胶体的温度与黏度呈反比，胶体的流速在恒压条件下明显下降；当胶体温度在 25~30℃ 之间时，胶体的温度与黏度的相关性较小，黏度基本保持不变，胶体的流速在恒压条件下比较稳定、无明显波动；当胶体温度在 30~35℃ 之间时，胶体的温度与黏度成反比，胶体的流速在恒压条件下明显上升；当胶体温度高于 35℃ 时，胶体开始由液态逐步转化成固态颗粒状（塑化）。因此将涂胶系统的胶体温度值设定为 27℃。为了能使整个涂胶系统达到最佳的工艺温度，整个供胶系统分别采用 GUN 加热系统和 DOSER 加热系统对胶体温度进行控制，如图 2-25 所示。

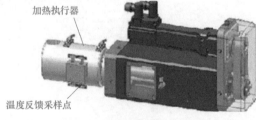

GUN加热系统　　　　　　　　　　　DOSER加热系统

图 2-25　加热系统

3. 如何构建胶体流量控制系统

胶体流量控制系统是涂胶工艺的核心，如图 2-26 所示，它直接影响涂胶的质量和胶体使用的成本。胶体流量控制系统必须满足两个条件：第一个为速度变化响应快；第二个为准确的流量计量。因此，胶体流量控制系统以 BECKHOFF（Twin CAT PLC/NC 技术）胶体工艺控制器作为主控制器——执行 1000 条 PLC 命令所需时间为 0.9μs，执行 100 个伺服轴指令所需时间为 20μs。胶体流量的计量通过 In-dramat 伺服控制器、伺服电动机和丝杠活塞组成的计量执行器进行，其控制精度可以达到 0.1mL。

4. 涂胶机器人在艾瑞泽 7 车身上的应用

随着汽车产业的高速发展，涂胶机器人应用越来越广泛，特别是双泵式涂胶机器人，以其性能独特、品质稳定、杰出的涂胶效率和涂胶质量在白车身生产中得到广泛应用。涂胶机器人作为执行机构，具有控制方便、执行动作灵活的特点，可以实现复杂空间轨迹控

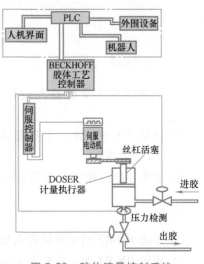

图 2-26　胶体流量控制系统

制，不再是简单完成表面涂胶，更注重产品外表美观以及实现人工无法实现的涂胶位置。随着奇瑞白车身生产工艺的逐步提高，在艾瑞泽 7 车身上的涂胶点比其他车型更多一些，涂胶质量好坏直接影响到车辆 NVH（噪声、振动及声振粗糙度）、淋雨密封等整车质量。

评价反馈

评价反馈见表 2-11。

表 2-11　评价反馈

基本素养(30分)			
序号	评估内容	自评	互评	师评
1	纪律（无迟到、早退、旷课）（10分）			
2	安全规范操作（10分）			
3	团结协作能力、沟通能力（10分）			
理论知识(30分)				
序号	评估内容	自评	互评	师评
1	MJOINT/MLIN/MCIRC 等指令的应用（10分）			
2	涂胶工艺流程（10分）			
3	选择涂胶机器人的方法（5分）			
4	涂胶机器人在行业中的应用（5分）			
技能操作(40分)				
序号	评估内容	自评	互评	师评
1	能够通过示教器设定工业机器人手动、自动运行模式（10分）			
2	建立工具坐标系（10分）			
3	完成涂胶程序编写（10分）			
4	程序调试（10分）			
综合评价				

练习与思考题

一、填空题

1）手动操作工业机器人运行一共有三种运行模式，包括_____、_____、_____。

2）博诺 BN-R3 型工业机器人示教器的界面布局分为_____、_____ 和_____三个部分。

3）如果要以操作者身份登录示教器，需要输入的密码是_____。

二、简答题

1）博诺 BN-R3 型工业机器人如何在不同坐标系下进行点动操作？

2）博诺 BN-R3 型工业机器人示教编程常用的指令有哪些？

3）如何在示教器上更改 IP 地址？

三、编程题

进行工业机器人示教编程，按下启动按钮后，实现工业机器人自动从工作原点开始，按照指定涂胶轨迹 1→2→3→4 的顺序进行涂胶操作，如图 2-27 所示，完成操作后工业机器人返回工作原点。

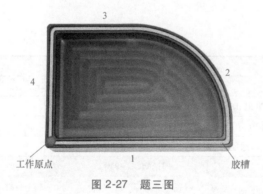

图 2-27 题三图

项目三　工业机器人焊接应用编程

学习目标

1. 创建工具坐标系，并使用 TCP&Z，X 进行工具坐标系的标定。
2. 掌握程序和运动参数的修改方法。
3. 掌握工业机器人模拟焊接应用程序的编制。

工作任务

一、工作任务的背景

焊接机器人作为先进自动化焊接设备，具有通用性强、工作稳定、操作简便、功能丰富等优点，越来越受到人们的重视。工业机器人在焊接领域的应用最早是从汽车装配生产线上开始的，焊接机器人在汽车装配生产线上的应用如图 3-1 所示。

图 3-1　埃夫特焊接机器人在汽车装配生产线上的应用

随着汽车、军工及重工等行业的飞速发展，焊接机器人的应用越来越普遍。工业机器人和焊接电源组成的机器人自动化焊接系统能够自由、灵活地实现各种复杂曲线的焊接。它能够把人从恶劣的工作环境中解放出来，以从事更具有附加值的工作。

二、所需要的设备

工业机器人模拟焊接系统涉及的主要设备包括：工业机器人应用领域一体化教学创新平

台（BNRT-IRAP-R3）、BN-R3 型工业机器人本体、工业机器人控制器、示教器、气泵、模拟焊接工具和模拟焊接模块，模拟焊接应用所需设备如图 3-2 所示。

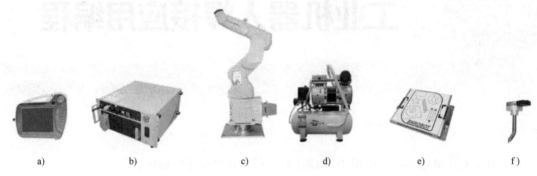

图 3-2　模拟焊接应用所需设备

a）示教器　b）控制器　c）BN-R3 型工业机器人本体　d）气泵　e）模拟焊接模块　f）模拟焊接工具

三、任务描述

工业机器人模拟焊接是通过在示教器上根据相应的图形进行程序的编写，然后操作工业机器人自动运行。

按要求将模拟焊接模块安装在工作台指定位置，在工业机器人末端手动安装模拟焊接工具，创建并正确命名模拟焊接程序。利用示教器根据任务要求进行现场操作编程，按下启动按钮后，工业机器人自动从工作原点开始模拟焊接任务。在任务中，模拟焊接工具前端始终垂直于模拟焊接模块表面，完成模拟焊接任务后工业机器人返回工作原点，完成样例如图 3-3 所示。

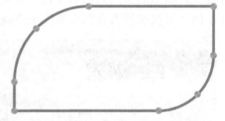

图 3-3　完成样例

本任务利用 BN-R3 型工业机器人来进行模拟焊接任务，需要依次进行程序文件创建、程序编写、目标点示教、工业机器人程序调试，进而完成整个模拟焊接工作任务。

实践操作

一、知识储备

1. 文件管理

文件管理是为了方便用户管理项目文件而设计的，其主体部分展示目录结构，界面底部为文件操作的功能按钮。支持"新建""删除""重命名""复制""粘贴"等功能。由于程序文件都存储在控制器上，因此更换示教器不会造成程序文件丢失。如果需要在不同工业机器人之间复制程序文件，请使用 U 盘，示教器上提供了标准 USB 接口。文件管理步骤及说明见表 3-1。

2. 修改程序和参数

以 MJOINT 指令为例，修改参数步骤及说明见表 3-2。

表 3-1 文件管理步骤及说明

文件管理步骤及说明	示意图
1)单击上方"文件"。文件管理是为了方便用户管理项目文件而设计的,其主体部分展示目录结构,界面底部为文件操作的功能按钮。支持"新建""删除""重命名""复制""粘贴"等功能	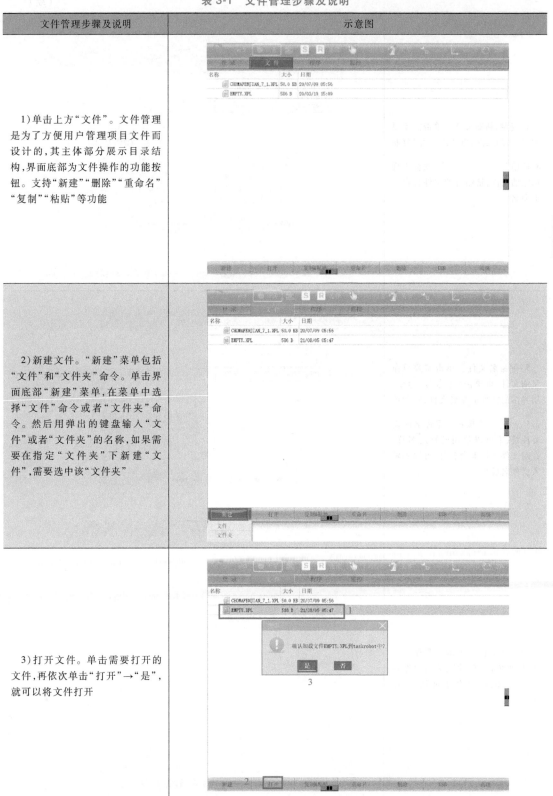
2)新建文件。"新建"菜单包括"文件"和"文件夹"命令。单击界面底部"新建"菜单,在菜单中选择"文件"命令或者"文件夹"命令。然后用弹出的键盘输入"文件"或者"文件夹"的名称,如果需要在指定"文件夹"下新建"文件",需要选中该"文件夹"	
3)打开文件。单击需要打开的文件,再依次单击"打开"→"是",就可以将文件打开	

（续）

文件管理步骤及说明	示意图
4）复制、粘贴文件。单击需要复制、粘贴的文件，再依次单击"复制 & 粘贴"→" "，就会出现粘贴的文件，粘贴后的文件将自动重命名	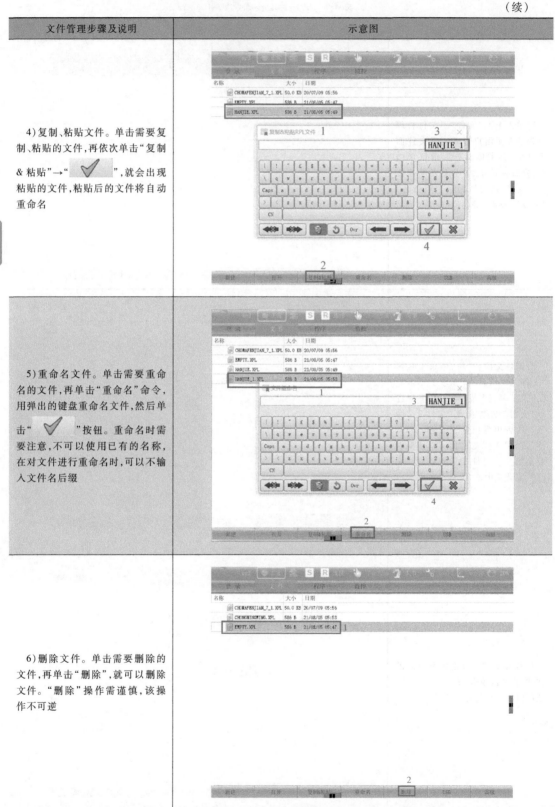
5）重命名文件。单击需要重命名的文件，再单击"重命名"命令，用弹出的键盘重命名文件，然后单击" "按钮。重命名时需要注意，不可以使用已有的名称，在对文件进行重命名时，可以不输入文件名后缀	
6）删除文件。单击需要删除的文件，再单击"删除"，就可以删除文件。"删除"操作需谨慎，该操作不可逆	

（续）

文件管理步骤及说明	示意图
7）将文件从示教器中导入到U盘。首先将U盘插入示教器后方的接口处，单击需要导入U盘的文件，再依次单击"USB"→"到USB"，然后会显示"已复制1个目标"，单击"是"按钮，文件导入成功	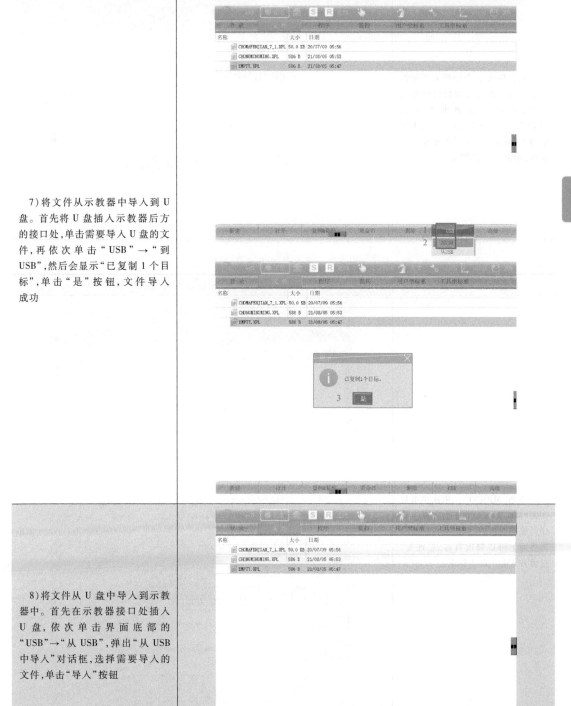
8）将文件从U盘中导入到示教器中。首先在示教器接口处插入U盘，依次单击界面底部的"USB"→"从USB"，弹出"从USB中导入"对话框，选择需要导入的文件，单击"导入"按钮	

（续）

文件管理步骤及说明	示意图
8）将文件从 U 盘中导入到示教器中。首先在示教器接口处插入 U 盘，依次单击界面底部的"USB"→"从 USB"，弹出"从 USB 中导入"对话框，选择需要导入的文件，单击"导入"按钮	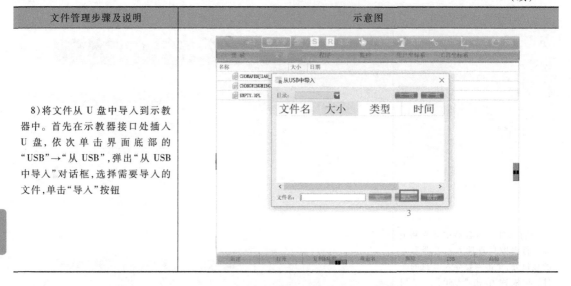

表 3-2　修改参数步骤及说明

修改参数步骤及说明	示意图
1）添加"MJOINT"。依次单击程序行"MJOINT"→"编辑"，进入程序行编辑窗口，在弹出的程序行编辑界面下可以修改目标点、速度、过渡方式和工具坐标系	

（续）

修改参数步骤及说明	示意图
2）修改目标点。将目标点修改为"HOME"。在程序行编辑窗口依次单击"target"行的"POINTJ"→"变量"→"HOME"→"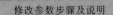"→"确认"，完成目标点修改	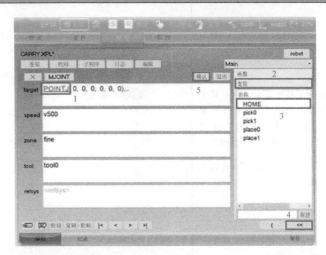
3）修改速度。将速度修改为"v100"。在程序行编辑窗口依次单击"speed"行的"v500"→"变量"→"v100"→"　<<　"→"确认"，完成速度修改	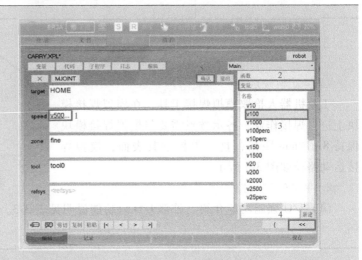
4）修改过渡方式。将过渡方式修改为"z50"。在程序行编辑窗口依次单击"zone"行的"fine"→"变量"→"z50"→"　<<　"→"确认"，完成过渡方式修改	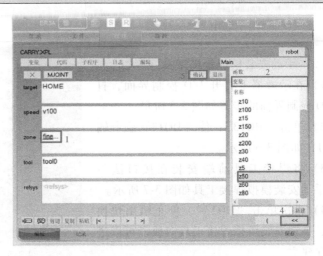

（续）

修改参数步骤及说明	示意图
5）修改工具坐标系。将工具坐标系修改为"tool1"。在程序行编辑窗口依次单击"tool"行的"tool0"→"变量"→"tool1"→" << "→"确认"，完成工具坐标系修改	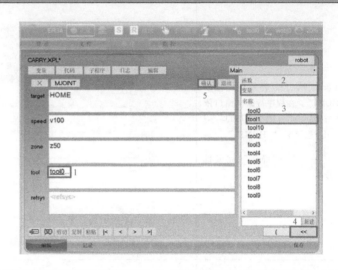

二、任务实施

1．运动轨迹规划

工业机器人拾取模拟焊接工具，在模拟焊接模块上进行焊接作业，各示教点需要与模拟焊接模块保持 8~10mm 距离，且不得接触其表面，模拟焊接运动路径如图 3-4 所示。

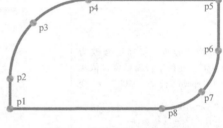

图 3-4　模拟焊接运动路径

2．手动安装模拟焊接工具

（1）I/O 强制功能介绍　外部 I/O 口功能说明见表 3-3。

表 3-3　外部 I/O 口功能说明

外部 I/O 口	功能说明
DO13	快换固定

（2）手动安装模拟焊接工具

1）在示教器上打开 I/O 控制界面，打开 I/O 控制界面的步骤如图 3-5 所示。

2）单击"DO13"，使"DO13"强制输出为 1，如图 3-6 所示。

3）将焊接工具前端安装在接口法兰处，手动安装模拟焊接工具如图 3-7 所示。

4）再次单击"DO13"，停止输出快换固定，手动安装模拟焊接工具完成，可以进行程序建立。

图 3-5　打开 I/O 控制界面的步骤

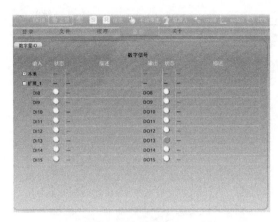

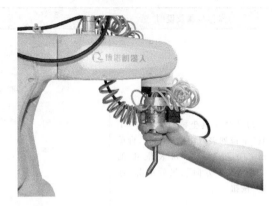

图 3-6 强制输出"DO13"　　　　　　　　图 3-7 手动安装模拟焊接工具

3. 示教编程

（1）建立坐标系　BN-R3 型工业机器人模拟焊接模块坐标系的建立见表 3-4。

表 3-4 建立坐标系

操作步骤及说明	示意图
1）进入工具坐标系。依次单击左上角的" "→"工具坐标系"，进入工具坐标系界面	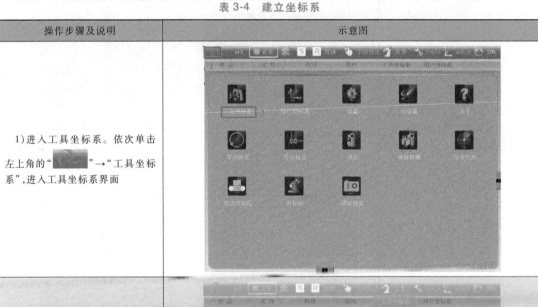
2）选择工具坐标系。单击"工具"下拉列表框中的"tool4"，再单击"方法"下拉列表框中的"TCP&Z,X 方向"，最后单击"标定"按钮	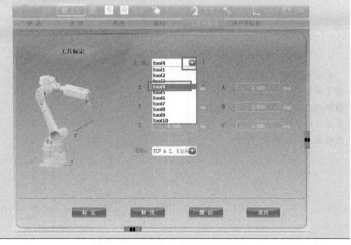

（续）

操作步骤及说明	示意图
2）选择工具坐标系。单击"工具"下拉列表框中的"tool4"，再单击"方法"下拉列表框中的"TCP&Z,X方向"，最后单击"标定"按钮	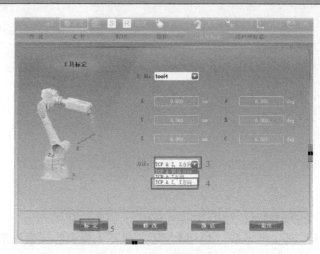
3）示教第一个点。将模拟焊接工具的前端移动到标定针顶点处，单击"示教"按钮	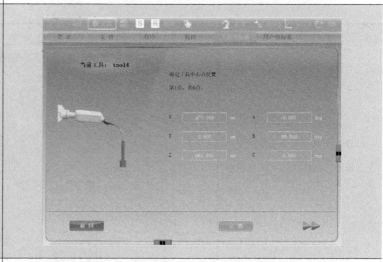
4）示教其余三个点。以不同的姿态重复第一个点的示教动作，示教第四点时，模拟焊接工具的前端需要与水平面垂直，再与标定针顶点接触，单击"示教"按钮	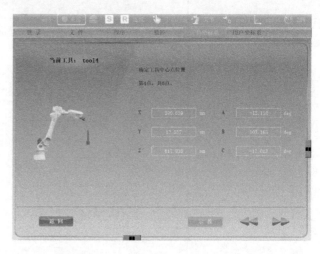

56

（续）

操作步骤及说明	示意图
5）示教 Z 轴正方向。单击状态栏中的"机器人"，在菜单中单击"机器人"命令，将模拟焊接工具的前端朝着远离标定针的 Z 轴正方向移动，单击"示教"按钮	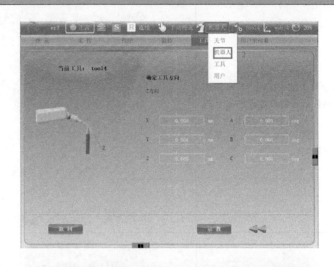 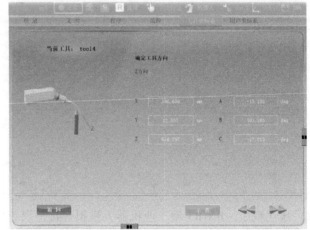
6）示教 X 轴正方向。将模拟焊接工具的前端朝着远离标定针的 X 轴正方向移动，依次单击"示教"→"计算"，"保存"，工具坐标系建立完成	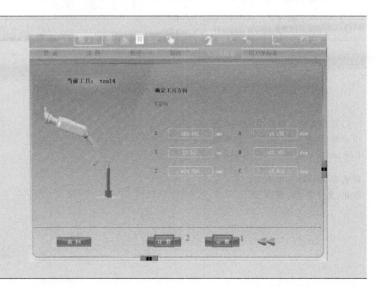

（续）

操作步骤及说明	示意图
6）示教 X 轴正方向。将模拟焊接工具的前端朝着远离标定针的 X 轴正方向移动，依次单击"示教"→"计算"，"保存"，工具坐标系建立完成	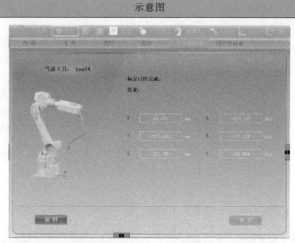
7）激活工具坐标系。激活当前的工具坐标系"tool4"，依次单击"激活"→"是"。在模拟焊接模块表面建立用户坐标系"wobj4"的步骤具体参照项目二中的表 2-4	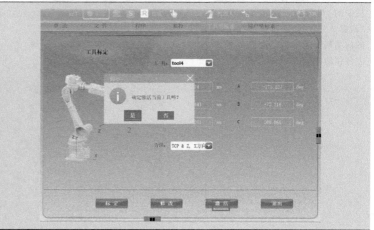

（2）建立程序　BN-R3 型工业机器人模拟焊接模块程序建立见表 3-5。

表 3-5　建立程序

操作步骤及说明	示意图
1）新建文件。依次单击界面左下方的"新建"→"文件"，在弹出 Edit text 对话框的文本框中输入文件名称"hanjie"，单击"✓"按钮，文件建立完成	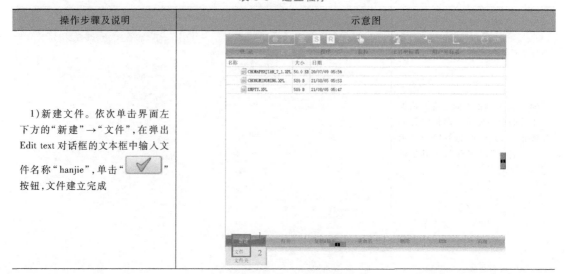

58

（续）

操作步骤及说明	示意图
1）新建文件。依次单击界面左下方的"新建"→"文件"，在弹出 Edit text 对话框的文本框中输入文件名称"hanjie"，单击" 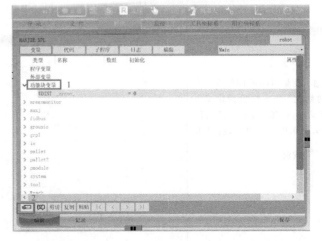 "按钮，文件建立完成	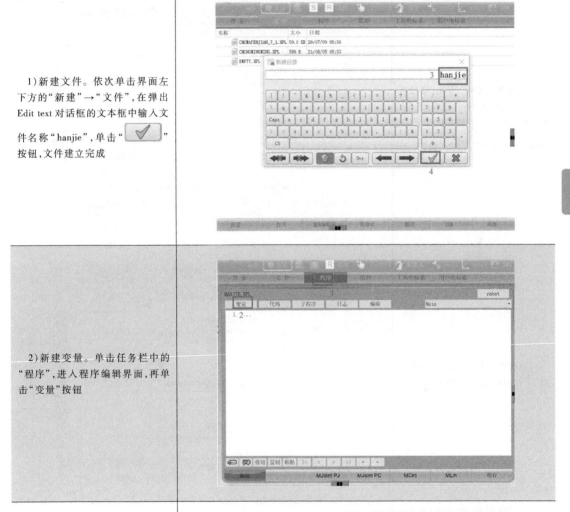
2）新建变量。单击任务栏中的"程序"，进入程序编辑界面，再单击"变量"按钮	
3）新建"home"变量。依次单击"功能块变量"→" "	

（续）

操作步骤及说明	示意图
4）更改变量名称。单击"变量名称"文本框中的"var"，在弹出"Edit text"对话框的文本框中输入"home"，再单击""按钮	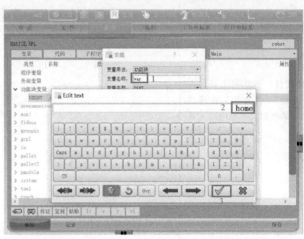
5）更改变量类型。单击"变量类型"下拉列表框中的"POINTJ"	
6）输入变量"home"的位置。单击"初始化"文本框后弹出 Edit text 对话框，在其文本框中输入位置"(0,0,0,0,-90,0)"，再单击""按钮	

（续）

操作步骤及说明	示意图
7）单击"确认"按钮，变量"home"建立完成	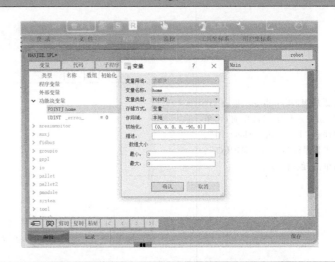
8）新建其余变量。采用与建立"home"变量同样的方法新建"p0""p1""p2""p3""p4""p5""p6""p7""p8"，并设置"变量类型"为"POINTC"，其中"p0"为"p1"正上方100mm处的点，然后移动工业机器人到各个点位记录位置和姿态，位置以实际模块为准	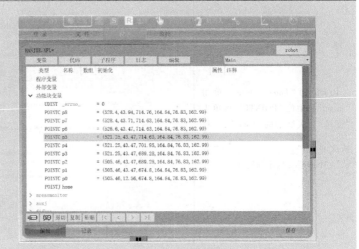
9）添加MJOINT指令。单击"代码"按钮进入程序编辑界面后，单击程序行"1"，单击"MJoint PJ"，再单击程序行"1"中的"MJOINT"，然后单击"编辑"按钮	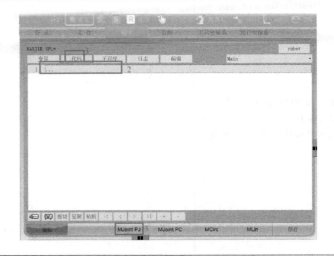

（续）

操作步骤及说明	示意图
9）添加 MJOINT 指令。单击"代码"按钮进入程序编辑界面后，单击程序行"1"，单击"MJoint PJ"，再单击程序行"1"中的"MJOINT"，然后单击"编辑"按钮	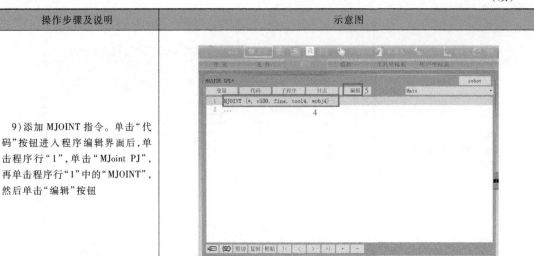
10）添加"home"变量。单击"target"行中的"POINTJ"，再单击"变量"列表框中的"home"，然后依次单击"　　《《　　"→"确认"，"home"变量添加完成	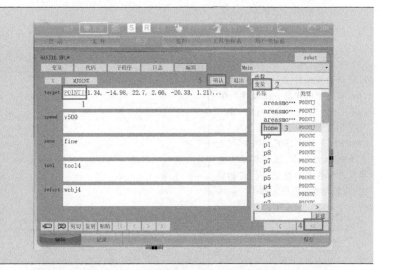
11）添加 MLIN 指令。单击程序行"2"，单击"MLin"，单击程序行"2"中的"MLIN"，再单击"编辑"按钮	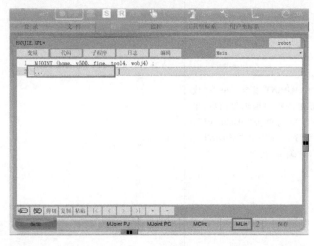

62

（续）

操作步骤及说明	示意图
11）添加 MLIN 指令。单击程序行"2"，单击"MLin"，单击程序行"2"中的"MLIN"，再单击"编辑"按钮	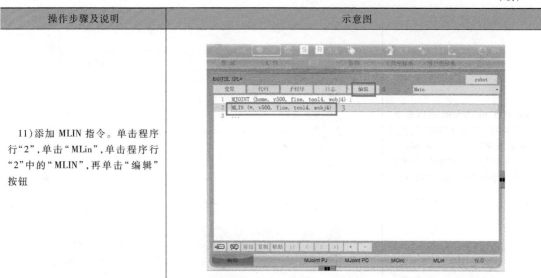
12）添加"p0"变量。单击"target"行中的"POINTC"，再单击"变量"列表框中的"p0"，然后依次单击"___<<___"→"确认"，"p0"变量添加完成	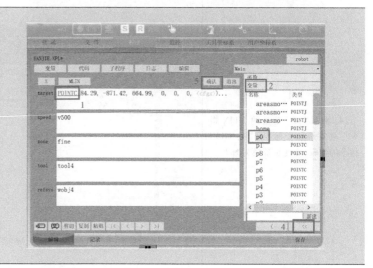
13）添加"p1"变量的 MLIN 指令。单击程序行"2"中的"MLIN"，再依次单击"复制"→"粘贴"→"编辑"。单击"target"行中的"p0"，再单击"变量"列表框中的"p1"，然后依次单击"___<<___"→"确认"	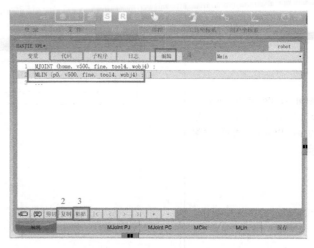

（续）

操作步骤及说明	示意图
13）添加"p1"变量的 MLIN 指令。单击程序行"2"中的"MLIN"，再依次单击"复制"→"粘贴"→"编辑"。单击"target"行中的"p0"，再单击"变量"列表框中的"p1"，然后依次单击" << "→"确认"	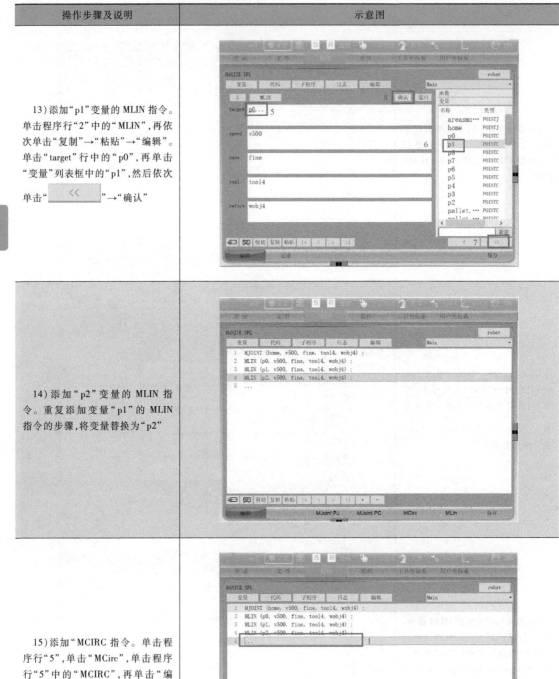
14）添加"p2"变量的 MLIN 指令。重复添加变量"p1"的 MLIN 指令的步骤，将变量替换为"p2"	
15）添加"MCIRC 指令。单击程序行"5"，单击"MCirc"，单击程序行"5"中的"MCIRC"，再单击"编辑"按钮	

64

（续）

操作步骤及说明	示意图
15）添加"MCIRC 指令。单击程序行"5"，单击"MCirc"，单击程序行"5"中的"MCIRC"，再单击"编辑"按钮	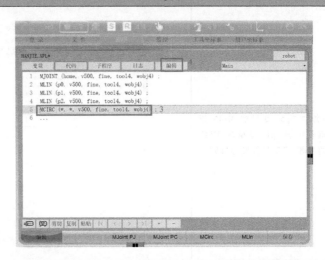
16）添加"p3"变量。单击"aux"行中的"POINTC"，再单击"变量"列表框中的"p3"，然后依次单击" << "→"确认"，变量"p3"添加完成	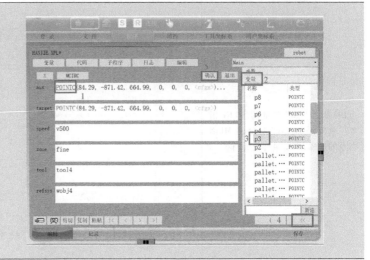
17）添加"p4"变量。单击"target"行中的"POINTC"，再单击"变量"列表框中的"p4"，然后依次单击" << "→"确认"，变量"p4"添加完成	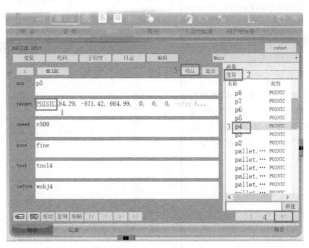

（续）

操作步骤及说明	示意图
18）添加"p5"变量的 MLIN 指令。重复添加"p1"变量的 MLIN 指令的步骤，将变量替换为"p5"	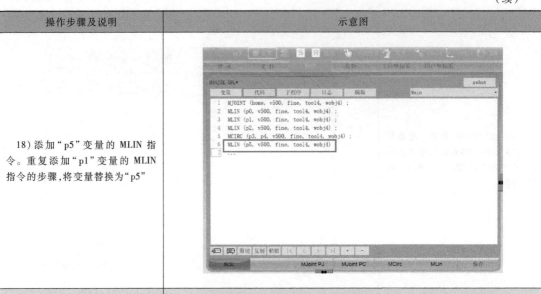
19）添加"p6"变量的 MLIN 指令。重复添加"p1"变量的 MLIN 指令的步骤，将变量替换为"p6"	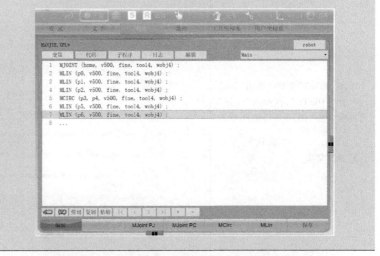
20）添加"p7"变量、"p8"变量的 MCIRC 指令。重复添加"p3"变量、"p4"变量的 MCIRC 指令，将"p3""p4"变量分别替换为"p7""p8"变量	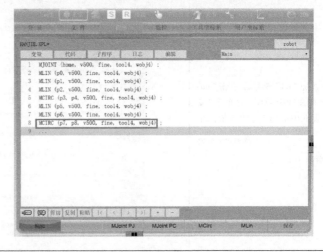

（续）

操作步骤及说明	示意图
21）添加"p1"变量的 MLIN 指令。单击程序行"3"中的"MLIN"，再依次单击"复制"→"粘贴"，然后单击程序行"9"中的"MLIN"	
22）添加"p0"变量的 MLIN 指令。单击程序行"2"中的"MLIN"，再依次单击"复制"→"粘贴"，然后单击程序行"10"中的"MLIN"	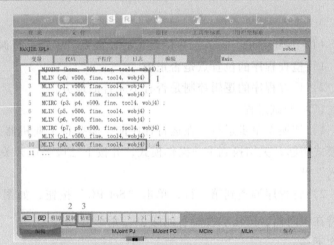
23）添加"home"变量的 MJOINT 指令。单击程序行"1"中的"MJOINT"，再依次单击"复制"→"粘贴"，然后单击程序行"11"中的"MJOINT"	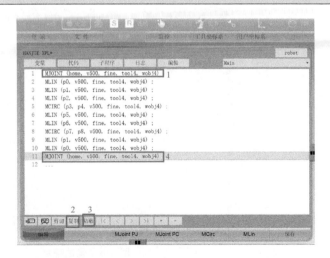

（续）

操作步骤及说明	示意图
24) 至此，程序完成，如右图所示	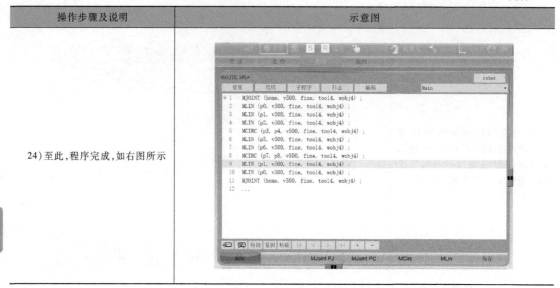

4. 程序调试与运行

（1）调试目的　完成程序的编辑后，需要对程序进行调试，调试的目的如下。

1）检查程序的位置点是否正确。

2）检查程序的逻辑控制是否有不完善的地方。

（2）调试过程

1）切换至单步运行。在运行程序前，需要将工业机器人伺服使能（将工业机器人控制器模式钥匙开关切换到手动操作模式，并按下三段手压开关），单击"F3"键切换至"单步进入"状态。

2）将程序调整到第一行，单击"Set PC"按钮，如图 3-8 所示，按下示教器使能键并保持在中间档，按住示教器右侧绿色三角形开始键"▶"，则程序开始试运行，指示箭头依次下移。

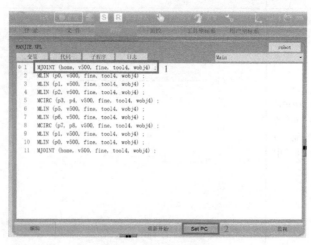

图 3-8　调试程序

运行程序过程中，若发现可能发生碰撞、失速等危险时，应该及时按下示教器上的急停按钮，以防止发生人身伤害或工业机器人损坏。

指针状态说明见表 3-6，程序运行状态说明见表 3-7。

表 3-6　指针状态说明

状态	说　明
⇨（白色）	表示当前没有任何操作,只指示当前程序行号
⇨（绿色）	表示当前程序行处于预备状态,可以执行运动
⇨（红色）	表示当前程序行处于激活状态,在运行中
⚠	表示当前程序行有错误
🗜	表示当前程序行有运动在执行
🗜	表示当前程序行处于激活状态,且有运动在执行
🗜⚠	表示当前程序行运动有错误

表 3-7　程序运行状态说明

模式	说　明
单步进入	主程序每执行一行结束都将停下,当执行子程序时会进入子程序的界面,并且在子程序中每执行一行都停下
单步跳过	主程序每执行一行结束都将停下,当执行子程序时会进入子程序的界面,并且一次性运行完子程序内全部指令
连续	程序开始执行后,一直运行到程序末尾结束执行
运动进入	主程序每执行至一条运动指令前停下,当执行子程序时会进入子程序的界面,并且一次性运行完子程序内全部指令
运动跳过	程序开始执行后,一直运行到程序末尾结束执行

当单步点动运行完所有程序后程序无误，即完成程序调试。

3）自动运行程序。经过试运行确保程序无误后，就可自动运行程序，自动运行程序操作步骤如下。

① 在程序运行界面中，单击"重新开始"按钮，选中程序行"1"，再单击"Set PC"按钮。

② 手动将示教器上方模式旋钮调至"AUTO"，可选择"当前行运行"或"首行运行"，单击"确定"按钮。

③ 按下"控制柜"后方"SERVO"按钮，使其由闪烁变为常亮状态。

④ 单击示教器下方"PWR"按钮，最后单击"开始"按钮，程序即可自动运行。

知识拓展

一、焊接机器人介绍

焊接机器人主要包括工业机器人和焊接设备两部分。工业机器人由工业机器人本体和控制柜（硬件及软件）组成。而焊接装备，以弧焊及点焊为例，则由焊接电源（包括控制系统）、自动送丝机（弧焊）、焊枪（钳）等部分组成，焊接机器人系统如图3-9所示。

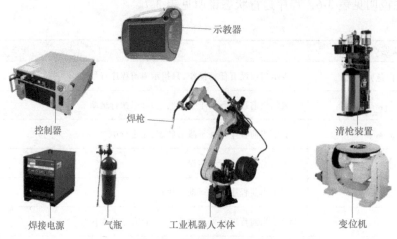

示教器

焊枪

控制器

清枪装置

焊接电源　气瓶　工业机器人本体　变位机

图3-9　焊接机器人系统

世界各国生产的焊接用工业机器人基本上都属于关节机器人，绝大部分有6个轴。其中，1、2、3轴可将末端工具送到不同的空间位置，而4、5、6轴满足工具姿态的不同要求。焊接机器人本体的机械结构主要有两种形式：一种为平行四边形结构；另一种为侧置式（摆式）结构。侧置式（摆式）结构的主要优点是上、下臂的活动范围大，使工业机器人的工作空间几乎能达到一个球形空间。因此，这种工业机器人可倒挂在机架上工作，以节省占地面积，方便地面物件的流动。但是具有侧置式（摆式）结构的工业机器人，其2、3轴为悬臂结构，降低了工业机器人的刚度，这种结构一般适用于载荷较小的工业机器人，用于电弧焊、切割或喷涂。平行四边形机器人的上臂是通过一根拉杆驱动的，拉杆与下臂分别为一个平行四边形的两条边，故而得名。早期开发的平行四边形机器人工作空间比较小（局限于工业机器人的前部），难以倒挂工作。但从20世纪80年代后期以来开发的平行四边形机器人（平行机器人），已经能把工作空间扩大到工业机器人的顶部、背部及底部，且没有侧置式（摆式）机器人的刚度问题，从而得到普遍的重视。这种平行四边形结构不仅适合于轻型工业机器人，也适合于重型工业机器人。近年来点焊用工业机器人（载荷100～150kg）大多选用具有平行四边形结构的工业机器人。

按照工业机器人作业中所采用的焊接方法，可将焊接机器人分为点焊机器人、弧焊机器人、搅拌摩擦焊机器人、激光焊机器人等类型。

点焊机器人具有有效载荷大、工作空间大的特点，配备有专用的点焊枪，并能实现灵活准确的运动，以适应点焊作业的要求，其最典型的应用是汽车车身的自动装配生产线，点焊机器人如图3-10所示。

因为弧焊的连续作业要求，所以弧焊机器人需要实现连续轨迹控制，也可利用插补功能根据示教点生成连续焊接轨迹。弧焊机器人除工业机器人本体、示教器与控制柜（硬件及软件）之外，还包括焊枪、自动送丝机构、焊接

图3-10　点焊机器人

电源（包括控制系统）、保护气体相关部件等，其自动送丝机构在安装位置和结构设计上也有不同的要求，弧焊机器人如图 3-11 所示。

激光焊机器人除了具有较高的精度要求外，还常通过与线性轴、旋转台或其他工业机器人协作的方式，实现复杂曲线焊接或大型焊件的灵活焊接，激光焊机器人如图 3-12 所示。

图 3-11　弧焊机器人

图 3-12　激光焊机器人

焊接机器人在焊接过程中，焊枪喷嘴内外残留的焊渣以及焊丝干伸长的变化等会影响到产品的焊接质量及其稳定性。清枪装置便是一套维护焊枪的装置，能够保证焊接过程的顺利进行，减少人为的干预，让整个自动化焊接工作站流畅运转，清枪装置如图 3-13 所示。

清枪过程包含以下三个动作。

1）清焊渣，自动机械装置带动枪头顶端的尖头旋转对焊渣进行清洁。

2）喷雾，自动喷雾装置对清完焊渣的枪头部分进行喷雾，防止焊接过程中焊渣飞溅粘连到导电嘴上。

3）剪焊丝，自动剪切装置将焊丝剪至合适的长度。

图 3-13　清枪装置

对于某些焊接场合，由于工件空间几何形状过于复杂，使焊接机器人的末端工具无法到达指定的焊接位置，此时可以通过增加 1~3 个外部轴的办法来增加焊接机器人的自由度。其中一种做法是采用变位机让焊接工件移动或转动，使工件上的待焊部位进入焊接机器人的作业空间，变位机如图 3-14 所示。

图 3-14　变位机

二、焊接参数

焊接参数根据配置的焊接机器人不同而有所不同，焊接参数界面如图 3-15 所示，参数介绍见表 3-8。

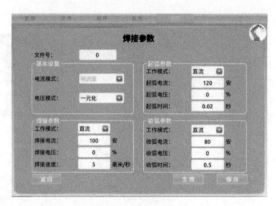

图 3-15　焊接参数界面

表 3-8　参数介绍

序号	标题	描述	备注
1	文件号	保存焊接参数的文件编号,共可以保存 100 组参数	范围为 0~99
2	电流模式	电流模式分为"电流值"和"送丝速度"两种模式。"电流值"模式:焊接过程中以焊接电流为准;"送丝速度"模式:焊接过程以送丝速度为准	目前只开放"电流值"设置模式
3	电压模式	电压模式分为"一元化"和"分别"两种模式。"一元化"模式:设置焊接电流,焊接电压值由焊机自动匹配,可以百分比方式进行上下调节;"分别"模式:焊接电流和焊接电压单独给定,互不影响	模拟量通信时,只能为"分别"模式
4	起弧参数-工作模式	选择焊机的起弧工作模式,分为"直流"和"脉冲"两种	
5	起弧参数-起弧电流	起弧时,焊机输出电流值/送丝速度。电流模式为"电流值"时,单位为 A;电流模式为"送丝速度"时,单位为 m/min	
6	起弧参数-起弧电压	起弧时,焊机输出电压值/电压强度,电压模式为"分别"时,单位为 V;电压模式为"一元化"时,可以百分比方式进行上下调节	
7	起弧参数-起弧时间	引弧成功后,焊机的电流、电压由起弧电流、电压渐变到焊接电流、电压的时间	

三、焊接机器人日常实例

焊接机器人应用最深入的行业是汽车制造，除此之外，它在农业机械、电梯、PC、工程机械、轨道交通等众多领域也有广泛应用。可将多种焊接工艺融合一体形成紧凑型多功能单元，如图 3-16 所示。

多功能单元将一台工业机器人集成于一个 H 形平台的中央，利用一个回转平台，使生产过程中始终有一个焊接夹具处于工作状态，同时第二个夹具由操作员装入工件，这样操作员的操作对节拍没有影响。

该单元也可以用于别的场合，既可以单独用一个工业机器人作为一个非常紧凑的工业机器人焊接单元使用，也可以配合其他工业机器人使用，后者可以糅合不同的工业机器人焊接工艺。

图 3-16　紧凑型多功能单元

首先，操作员将工件装载到焊接夹具上并且启动系统，回转平台将夹具在工业机器人下方旋转 180° 至其焊接区，配有焊枪的工业机器人伸入到夹具中开始焊接工件。接下来，第二台工业机器人使用气动伺服机器人焊钳，移动至夹具中用点焊将各工件焊接到一起。

焊接完成后，回转平台旋转，将第二个新装载的夹具送入工业机器人的工作空间。平台的旋转将第一个夹具移回至操作员的工作空间，夹具以气动方式打开，操作员可将焊接好的工件取出。

操作员装载、卸载工件的工作不会对节拍产生影响。把工业机器人安装在 H 形平台上的布置提高了工业机器人在夹具工作区内执行焊接时的可达性，安装在平台上的工业机器人以其 6kg 的低负载和 1600mm 的工作半径完美地匹配了标准弧焊任务，工业机器人能以很高的精度和速度执行点焊任务。工业机器人腕部的流线型设计确保工业机器人具有最小的破坏性轮廓线和最高的运动自由度。因此这位"焊接专家"能够轻松到达工件上的所有焊接位置。

评价反馈

评价反馈见表 3-9。

表 3-9　评价反馈

基本素养(30 分)				
序号	评估内容	自评	互评	师评
1	纪律(无迟到、早退、旷课)(10 分)			
2	安全规范操作(10 分)			
3	团结协作能力、沟通能力(10 分)			
理论知识(30 分)				
序号	评估内容	自评	互评	师评
1	MJOINT/MLIN/MCIRC 指令的应用(10 分)			
2	模拟焊接工艺流程(10 分)			
3	焊接机器人在行业中的应用(10 分)			

（续）

技能操作（40分）				
序号	评估内容	自评	互评	师评
1	模拟焊接轨迹规划（10分）			
2	程序运行示教（10分）			
3	程序调试与运行（10分）			
4	程序自动运行（10分）			
综合评价				

练习与思考题

一、填空题

1）工业机器人工具坐标系标定的三种方法为_____、_____、_____。

2）工业上常用的焊接方式有_____、_____、_____。

3）博诺工业机器人示教器权限可以分为_____、_____、_____。

二、简答题

1）简述如何使用"TCP&Z，X"的标定方法建立工具坐标系。

2）说明常用的焊接机器人种类并简述其各自特色。

三、编程题

使用 BN-R3 型工业机器人模拟焊接一个五角星，焊接顺序如图 3-17 所示。

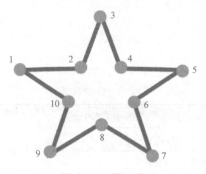

图 3-17　题三图

项目四 工业机器人激光雕刻应用编程

学习目标

1. 掌握工业机器人 I/O 控制方法。
2. 了解 BN-R3 型工业机器人声明变量的数据类型。
3. 掌握工业机器人指令建立方法。
4. 熟悉工业机器人程序备份方法。
5. 掌握工业机器人激光雕刻应用的编程。

工作任务

一、工作任务的背景

近年来，国内、外已经大量使用数控铣床雕刻大理石、花岗石、木材等，数控铣床可在平面工件上雕刻各种花纹、文字和图像，提高了立体工艺品的生产效率。但是，数控铣床制作立体工艺品时，不能满足刀具轴线恒垂直于工件待成形表面的工艺要求，影响加工效果并产生较大的径向力，致使刀具磨损加快。因此，使用多关节式工业机器人加工立体工艺品，克服了数控铣床的缺点，确保了立体工艺品的加工质量。工业机器人雕刻立体工艺品如图 4-1 所示。

图 4-1 工业机器人雕刻立体工艺品

二、所需要的设备

工业机器人激光雕刻系统涉及的主要设备包括：工业机器人应用领域一体化教学创新平台（BNRT-IRAP-R3）、BN-R3 型工业机器人本体、工业机器人控制器、示教器、气泵、激光笔工具和激光雕刻模块，如图 4-2 所示。

三、任务描述

将弧形激光雕刻模块安装在工作台指定位置，在工业机器人末端手动安装激光笔工具，利用示教器进行现场示教编程，在示教编程过程中，激光笔工具尖端应与激光雕刻模块的弧形面保持约 20mm 的距离，且与当前点所在弧形面垂直。完成示教编程后，按下启动按钮，工业机器人自动从工作原点开始执行激光雕刻任务，按照图 4-3 所示路径进行激光雕刻，任

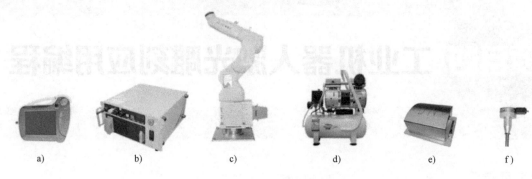

图 4-2　激光雕刻应用所需设备

a）示教器　b）控制器　c）BN-R3 型工业机器人本体　d）气泵　e）激光雕刻模块　f）激光笔工具

务完成后工业机器人返回工作原点。需要完成 I/O 配置、变量创建、目标点示教、程序编写及调试等。

实践操作

一、知识储备

1. 工业机器人 I/O 控制方法

通过控制工业机器人 I/O 控制末端执行器的开闭，来控制工业机器人 I/O 的方法包括以下步骤，见表 4-1。

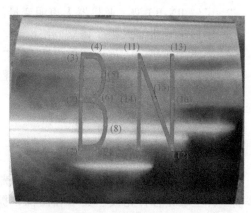

图 4-3　雕刻路径示意

表 4-1　工业机器人 I/O 控制方法

操作步骤及说明	示意图
1）新建文件。依次单击"文件"→"新建"→"文件"	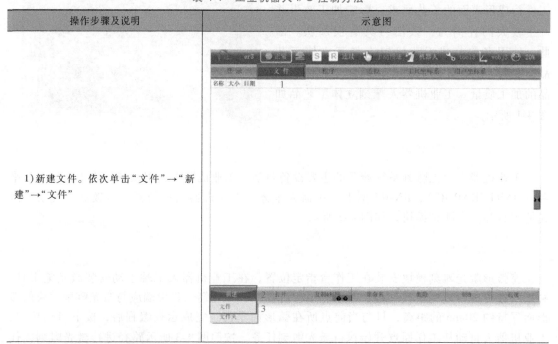

（续）

操作步骤及说明	示意图
2）命名。在"新建 RPL 文件"对话框的文本框中输入"diaoke"，单击""按钮	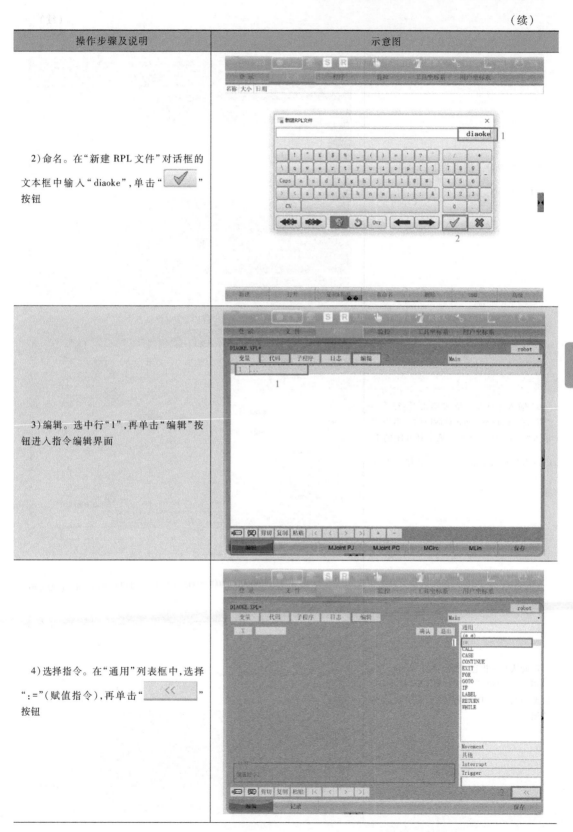
3）编辑。选中行"1"，再单击"编辑"按钮进入指令编辑界面	
4）选择指令。在"通用"列表框中，选择":="（赋值指令），再单击" << "按钮	

（续）

操作步骤及说明	示意图
5）选择变量。依次单击"<dest>"→"io. DOut"→""	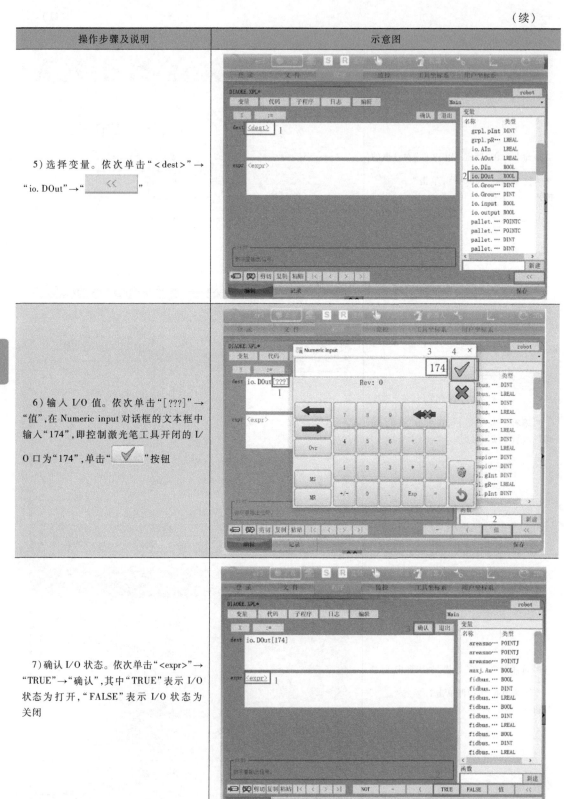
6）输入 I/O 值。依次单击"[???]"→"值"，在 Numeric input 对话框的文本框中输入"174"，即控制激光笔工具开闭的 I/O 口为"174"，单击"✓"按钮	
7）确认 I/O 状态。依次单击"<expr>"→"TRUE"→"确认"，其中"TRUE"表示 I/O 状态为打开，"FALSE"表示 I/O 状态为关闭	

2. BN-R3 型工业机器人变量声明的数据类型

（1）BOOL（布尔）　此类型的数据用于表示逻辑值，BOOL 值可以是 true 或 false，初始化后的默认值是 false。

示例如下。

> BOOL firstRun
>
> …
>
> IF firstRun ＝false THEN
>
> firstRun：＝true；
>
> …
>
> END_IF；

当 firstRun 为 false 时，执行后，被置为 true。

（2）DINT（双精度整数）　此类型的数据用于表示整数值，可以是正数或负数，整数值用 32 位数值表示。DINT 值可以在 -2147483648 到 2147483647 之间，初始化后的默认值是 0。

示例如下。

> DINT counter
>
> DINT diff
>
> …
>
> Counter：＝counter+1；
>
> …

（3）UDINT（无符号双精度整数）　此类型的数据用于表示仅为正数的整数值，整数值用 32 位数值表示。UDINT 值可以在 0 到 4294967295 之间，初始化后的默认值是 0。

示例如下。

> DINT counter
>
> …
>
> counter：＝counter+1；

（4）LREAL（长实数）　此类型的数据用于具有双精度的十进制数，该数值是 64 位有符号值。LREAL 值可以在 $1.7976931348623158e+308$ 到 $1.7976931348623158e+308$ 之间，初始化后的默认值是 0.0。

示例如下。

> LREAL width
>
> …
>
> width：＝88.506；
>
> …

（5）VECT3（三维实向量）　此类型的数据用于表示三维向量，它由 x，y，z 3 个 LREAL 类型值组成，初始化后的默认值是一个向量，其中所有分量 x，y，z 都设置为 0.0。

示例如下。

> VECT3 pose
>
> …

```
pose：=VECT3(100,200,300);
```

（6）POINTC（笛卡儿空间位姿） 此类型的数据用于表示一个笛卡儿点，它具有 LRE-AL 类型的 x，y，z，a，b，c 分量。分量 x，y，z 表示位置，分量 a，b，c 表示姿态。分量 a 指向 z 轴方向，分量 b 指向 y 轴方向，分量 c 指向 x 轴方向。需使用由 6 个 LREAL 值组合的数据才可以使用 POINTC 函数，POINTC 可用于笛卡儿运动和关节运动。初始化后的默认值是无效点（在移动指令中直接使用会发出错误），且所有分量 x，y，z，a，b，c 都设置为 0.0。

示例如下。

```
POINTC target
…
target：=POINTC(100,200,300,10,20,30);
MLIN(target,v250,fine,tool0,wobj0);
```

（7）ROBOT（机器人） 此类型的数据用于与系统中定义的轴组进行交互，如可以设置轴组的参考系。要设置此类数据，必须使用函数 ROBOT，并使用字符串型轴组名作为其参数。初始化后的默认值是无效的 ROBOT。

示例如下。

```
ROBOT conveyor
REFSYS cvywobj
POINTC cvyOrigin
…
conveyor：=ROBOT("conveyor");
cvywobj：=SETROBOTWOBJ(conveyor,"",cvyOrigin);
…
```

在这个例子中，设置了 conveyor（传送带）的参考系。进行此设置是为了在程序中指定 conveyor（传送带）的参考系，如可以在跟踪应用程序中使用。

（8）REFSYS（参考坐标系） 此类型的数据用于定义笛卡儿空间运动的参考坐标系。如果在运动指令中使用，则位置将基于特定的坐标系。参考系可以是固定的或可移动的，使用 REFSYS 函数需要父参考系和 6 个 LREAL 型数值。初始化后的默认值是 REFSYS，所有参数值均为 0.0，与世界参考系相同。

示例如下。

```
REFSYS wobj
POINTC p0
…
Wobj：=REFSYS(wobj0,100,200,50,0,0,0);
p0：=POINTC(0,0,0,0,0,0);
MLIN(p0,v500,fine,tool0,wobj);
```

在此示例中，工业机器人将移动到参考系 wobj 的原点。

（9）POINTJ（关节位置） 此类型的数据用于确定工业机器人的关节位置，由 LREAL 类型的 j1、j2、j3、j4、j5、j6 组成。需要 6 个 LREAL 类型的值并使用 POINTJ 函数设置此类型的数据。POINTJ 类型用于 MJOINT 指令中，将工业机器人移动到关节位置定义的特定位置。POINTJ 类型不能用作笛卡儿空间运动的目标。初始化后的默认值是无效点（在移动指令中直接使用会出现错误），j1、j2、j3、j4、j5、j6 都被设置为 0.0。

示例如下。

POINTJ startpos

…

Startpos：= POINTJ(0,0,0,0,-90,0)；

MJOINT(startpos,v500,fine,tool0)；

（10）TRIGGER（触发类型）　此类型的数据用于存储与移动指令相关事件中涉及的数据。通过 TRIGSET 指令可以将数据存储在 TRIGGER 类型的变量中，TRIGON 指令可以在执行运动指令之前激活触发器。初始化后的默认值是无效触发器。

示例如下。

TRIGGER trig

…

Trig：= TRIGSET when Distance is 20 do(io. output[5]：= true)；

…

TRIGON(trig)；

MLIN(target,v500,fine,tool1,wobj1)；

在此示例中，当工业机器人在距离目标点 20mm 处时，io. output[5] 被设置为 true。

（11）STRING（字符串）　此类型的数据用于存储字符串，它最多可包含 128 个字符。初始化后的默认值是空字符串。

示例如下。

STRING str

…

str：= "Hello world"；

MESSAGE("%1",str)；

此示例在用户日志中包含内容为 "Hello world" 的字符串 str。

（12）SPEED（速度类型）　此类型的数据用于指定移动指令中的目标速度，它包括切向速度（单位为 mm/s）和姿态角速度（°/s）。要将数据存储在 SPEED 类型的变量中，需要使用 SSPEED 函数。初始化后的默认值是 SPEED，所有参数值均为 0.0。

示例如下。

SPEED vel

…

vel：= SSPEED(250,5)；

MLIN(target,vel,fine,tool0)；

在此示例中，工业机器人将以 250mm/s 切向速度和 5degree/s 的姿态角速度移动。

示例如下。

SPEED vel

…

vel: = v250;

…

MLIN(target1, vel, fine, tool0);

MLIN(target2, vel, fine, tool0);

MLIN(target3, vel, fine, tool0);

此示例显示如何使用变量 vel 中定义的预定义速度为一组运动定义目标速度。

（13）ZONE（过渡混合类型） 此类型的数据是用于指定两个连续移动指令之间的混合参数，它包含以 mm 为单位的线性距离和以（°）为单位的重整定姿态角距离。要设置此类型的数据，需要使用 SZONE 函数。初始化后的默认值是 ZONE，所有参数值均为 0.0。

示例如下。

ZONE blend

…

blend: = SZONE(100, 5);

…

MLIN(target1, v250, blend, tool0);

MLIN(target2, v250, fine, tool0);

在此示例中，工业机器人在距离 target1 100mm 处时开始向 target2 移动。

（14）TOOL（工具类型） 此类型的数据用于描述工具参数，它用于移动指令。要设置此类型的数据，需要使用 STOOL 函数。初始化后的默认值是 TOOL，所有参数值均为 0.0。

示例如下。

TOOL gun

…

gun: = STOOL(0, 0, 100, 0, 0, 0);

…

MLIN(target, v250, fine, tool0);

MLIN(target, v250, fine, gun);

此示例可用于在使用相同目标点和两个不同工具的情况下，检验工业机器人位置的不同。

（15）INTR（中断处理类型） 此类型的数据用于中断处理，要将此类型的变量与特定中断程序绑定，必须使用 INTRSET 指令。可以使用 INTRCOND 指令或 INTRERRNO 指令指定导致中断的条件。请注意，此类型的数据在程序执行时只能设置一次，否则将发出错误。有关其他信息，请参阅以 INTR 开头的指令。初始化后的默认值是无效的 INTR。

示例如下。

INTR intr1

BOOL firstRun

…

(* set interrupt only once *)

IF NOT firstRun THEN

firstRun: = true;

```
INTRSET(intr1,intHnd());
INTRCOND(intr1,io.input[8]);
END_IF;
…
```

此示例显示如何绑定中断以及如何设置触发该中断的条件。

（16）CLOCK（时间测量时钟类型） 此类型的数据用于时间测量，时间测量以 s 为单位表示。无法直接设置或读取此类型的数据。可以使用 CLOCKRESET 指令重置时间测量，使用 CLOCKSTART 指令开始测量，使用 CLOCKSTOP 指令停止测量。必须使用 CLOCKREAD 函数来读取返回的 LREAL 值。初始化后的默认值是 0.0s 的测量值。

示例如下。

```
CLOCK clk1
…
CLOCKRESET(clk1);
CLOCKSTART(clk1);
…
CLOCKSTOP(clk1);
MESSAGE("Time elapsed %1",CLOCKREAD(clk1));
```

此示例显示如何测量执行指令期间所经过的时间。

（17）TRACKING（跟踪） 此类型的数据用于存储跟踪应用程序的数据。设置此类型的数据必须使用 TRACKING 函数。初始化后的默认值是无效的 TRACKING。

示例如下。

```
TRACKING cvy
REFSYS wobj
REFSYS rsPhoto
…
cvy:=TRACKING(1000,700,100,1000,Linear,0.1);
…
wobj:=GETTRKWOBJ(rsPhoto,cvy);
…
MLIN(target,v500,fine,tool1,wobj);
…
```

此示例显示如何为跟踪应用程序设置跟踪参数。

（18）EPOINTC（笛卡儿空间位姿，附加轴关节位置点） 此类型的数据用于表示笛卡儿点和附加轴关节位置，它包含与 POINTC 类型相同的数据以及与附加轴关节位置相关的值 ea1、ea2、ea3、ea4、ea5、ea6。EPOINTC 可用于笛卡儿空间和关节空间运动，可通过不同的函数设置此类型的数据，其中一个函数是 EPOINTC。初始化后的默认值是无效点（如果在运动指令中直接使用则发出错误），所有参数值都设置为 0.0。

示例如下。

```
EPOINTC ep0
```

…

ep0：＝EPOINTC（100，200，300，10，20，30，100，0，0，0，0，0）；

…

MLIN（ep0，v500，fine，tool0）

（19）EPOINTJ（关节位置，附加轴关节位置点） 此类型的数据用于定义参考，包含附加轴关节位置的工业机器人关节的位置，它包含与POINTJ类型相同的数据以及与附加轴关节位置相关的ea1、ea2、ea3、ea4、ea5、ea6。EPOINTJ用于MJOINT指令中，将工业机器人移动到关节位置定义的指定位置。EPOINTJ不能作为笛卡儿运动的目标，可通过不同的函数设置此类型的数据，其中一个是函数EPOINTJ。初始化后的默认值是无效点（如果在运动指令中直接使用则发出错误），所有参数值都设置为0.0。

示例如下。

EPOINTJ ep0

…

ep0：＝EPOINTJ（0，0，0，0，-90，0，10，0，0，0，0，0）；

…

MJOINT（ep0，v500，fine，tool0）；

3. 程序文件备份方法

程序文件备份方法包括以下步骤，见表4-2。

表4-2 程序文件备份方法

操作步骤及说明	示意图
1）复制。选中需要备份的文件，依次单击"高级"→"复制"	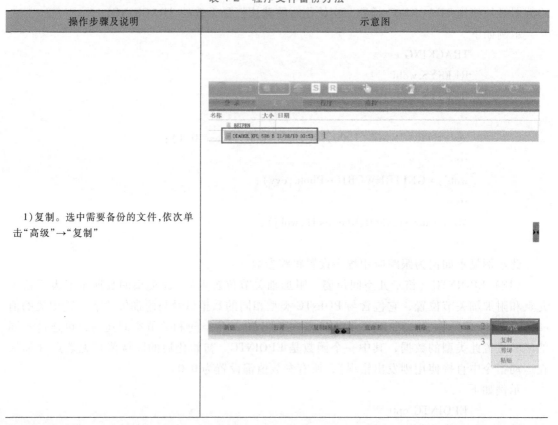

（续）

操作步骤及说明	示意图
2）粘贴。选中文件夹，依次单击"高级"→"粘贴"，文件备份完成	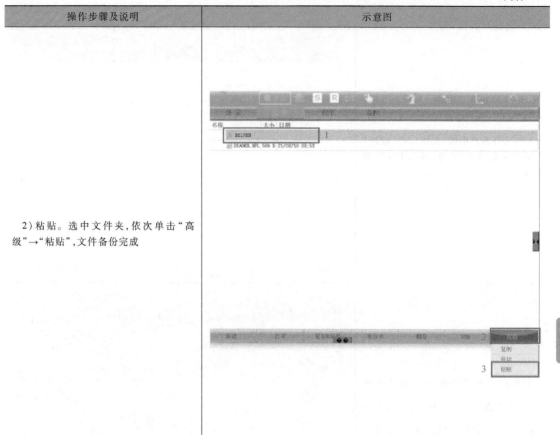

4. 程序运行方式

在状态栏中单击""，选择所需要的程序运行方式，如图4-4所示。

图4-4　状态显示

注："连续"表示连续运行程序；"单步进入"表示只运行一条程序，即每运行一条程序，需要按一次"开始"键。

二、任务实施

1. 运动轨迹规划

在工业机器人进行正式雕刻之前，需要规划好雕刻的运动轨迹。

2. 手动安装激光笔工具

手动安装激光笔工具的步骤见表4-3。

表 4-3　手动安装激光笔工具的步骤

操作步骤及说明	示意图
1）单击任务栏中的"监控"，在"监控"菜单中单击"I/O"命令，进入 I/O 控制界面	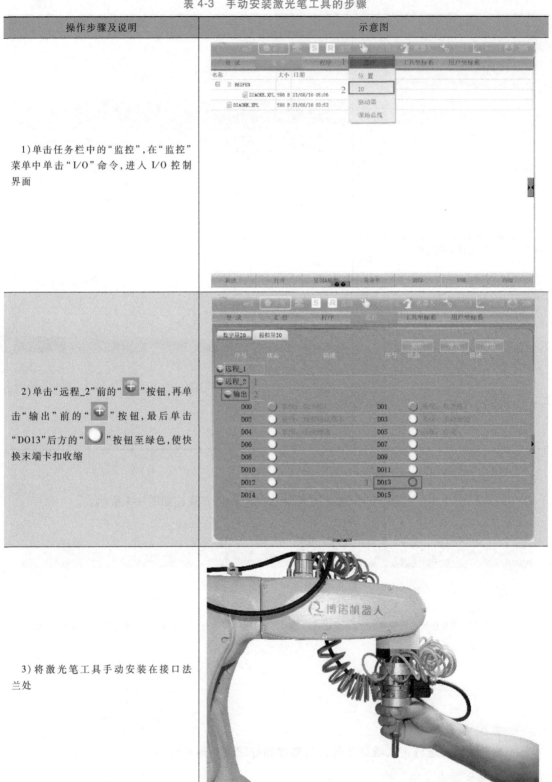
2）单击"远程_2"前的"➕"按钮，再单击"输出"前的"➕"按钮，最后单击"DO13"后方的"⬤"按钮至绿色，使快换末端卡扣收缩	
3）将激光笔工具手动安装在接口法兰处	

86

（续）

操作步骤及说明	示意图
4）单击"DO13"后方"○"按钮至白色，使快换末端卡扣伸出，激光笔工具被紧固在工业机器人法兰接口处，则手动安装激光笔工具完成，可以进行程序建立	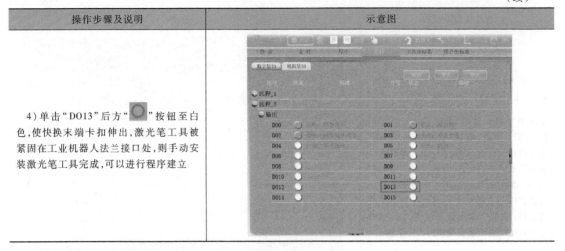

3. 示教编程

激光雕刻模块的示教编程步骤见表 4-4。

表 4-4　激光雕刻模块的示教编程步骤

操作步骤及说明	示意图
1）添加"home"变量。打开文件，在程序编辑界面中，依次单击"变量"→"UDINT"→"■"，在"变量名称"文本框中输入"home"，在"变量类型"下拉列表框中选择"POINTJ"，在"初始化"文本框中输入"（0,0,0,0,-90,0)，单击"确认"按钮，完成"home"变量的添加	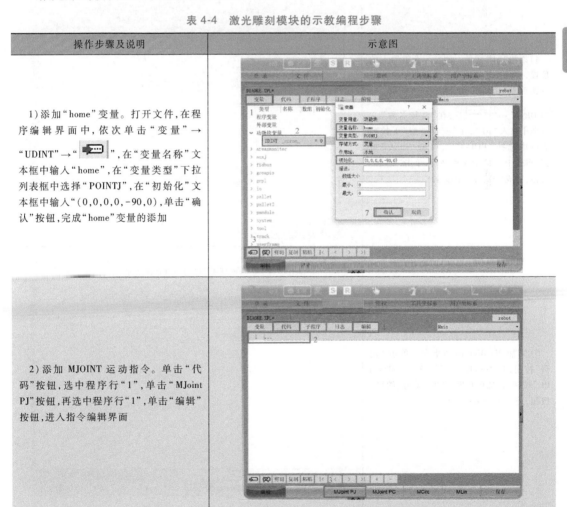
2）添加 MJOINT 运动指令。单击"代码"按钮，选中程序行"1"，单击"MJoint PJ"按钮，再选中程序行"1"，单击"编辑"按钮，进入指令编辑界面	

（续）

操作步骤及说明	示意图
3)引入“home”变量。进入指令编辑界面，单击“POINTJ”，在右侧“变量”列表框中选中“home”变量，单击“<<”按钮，最后单击“确认”按钮，完成“home”变量的引入。在该程序行中，“MJOINT”表示关节运动指令；“home”表示“引用变量”；“v500”表示运动指令中使用的速度参数；“fine”表示两个连续动作指令重叠的参数；“tool3”表示激光笔的工具坐标系；“wobj3”表示雕刻模块的工件坐标系	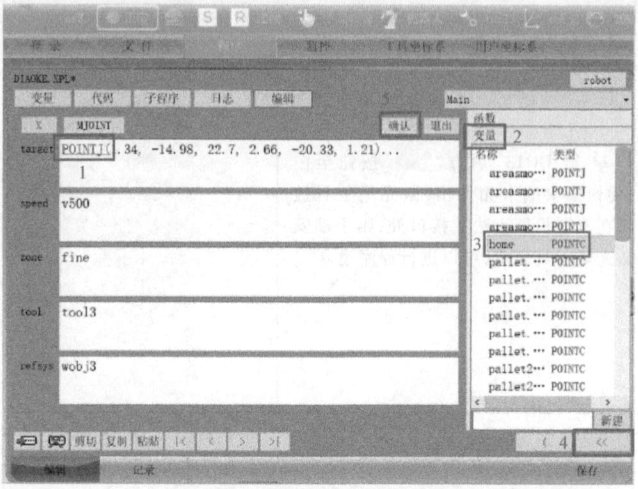
4)添加“p1”变量。调整工业机器人的位置，使激光笔尖端位于激光雕刻模块上方弧面约100mm，依次单击“变量”→“UDINT”→“ ”，在“变量名称”文本框中输入“p1”，在“变量类型”下拉列表框中选择“POINTC”，单击“确认”按钮，再选中“p1”所在程序行，单击“记录”按钮，完成“p1”变量的添加	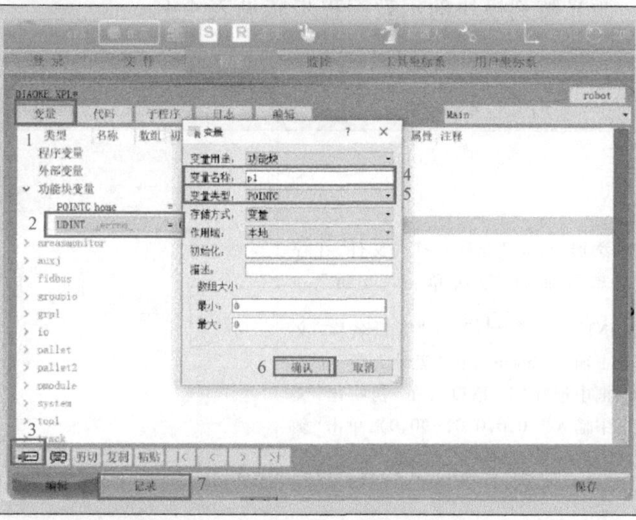
5)添加MJOINT运动指令。单击“代码”按钮，选中程序行“2”，单击“MJoint PC”按钮，再选中程序行“2”，单击“编辑”按钮，进入指令编辑界面	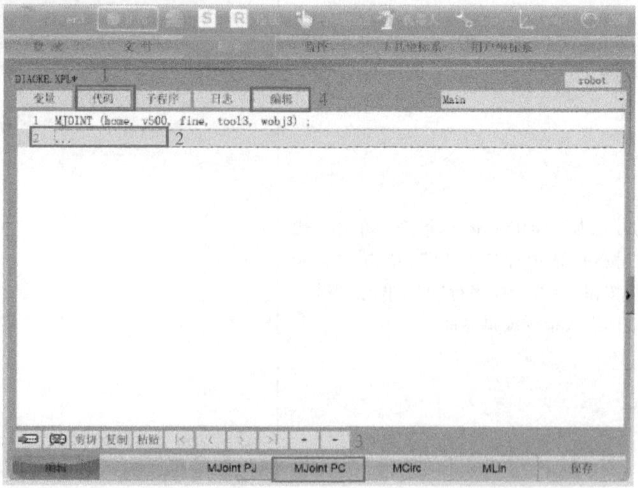

（续）

操作步骤及说明	示意图
6）引入"p1"变量。进入指令编辑界面，单击"POINTC"，在右侧"变量"列表框中选中"p1"变量，单击" <<"按钮，最后单击"确认"按钮，完成"p1"变量的引入	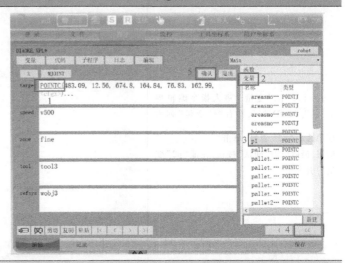
7）添加"p2"变量。调整工业机器人的位置，使激光笔尖端位于雕刻运动轨迹"（2）"点上方约20mm处，且垂直于该点处弧面。依次单击"变量"→"UDINT"→"█▅▅▅"，在"变量名称"文本框中输入"p2"，在"变量类型"下拉列表框中选择"POINTC"，单击"确认"按钮，再选中"p2"所在程序行，单击"记录"按钮，完成"p2"变量的添加	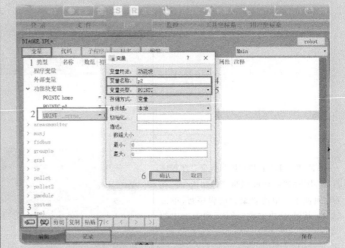
8）添加MLIN运动指令。单击"代码"按钮，选中程序行"3"，单击"MLin"按钮，再选中程序行"3"，单击"编辑"按钮，进入指令编辑界面	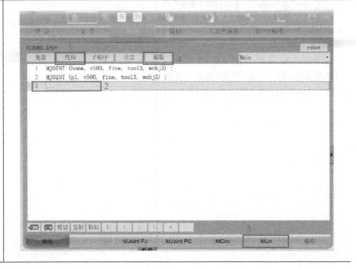

（续）

操作步骤及说明	示意图
9）引入"p2"变量。进入指令编辑界面，单击"POINTC"，在右侧"变量"列表框中选中"p2"变量，单击" << "按钮，最后单击"确认"按钮，完成"p2"变量的引入	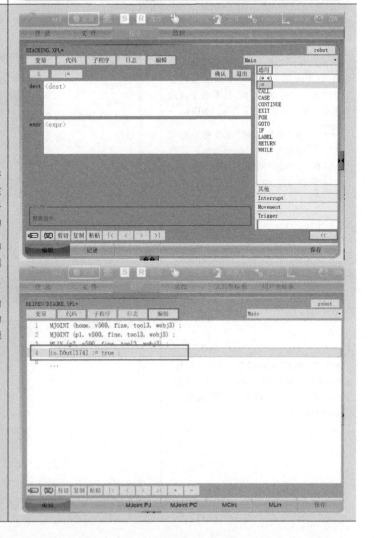
10）添加 io. DOut[174]控制指令。在程序行"4"中添加"io. DOut[174]"控制指令。在程序页面中选中所要编辑的程序行，单击"编辑"按键，选中右侧"通用"列表框中的" := "，然后单击" << "按钮，即可出现"dest"和"expr"。选中右侧"变量"列表框中的"io. DOut"，再单击" << "按钮，"io. DOut"即出现在左侧"dest"中，输入对应的 I/O 口号"174"，单击下方的"TRUE"按钮，最后单击"确定"按钮。该程序行中，"true"表示激光笔开始工作	

（续）

操作步骤及说明	示意图
11）添加"p7"变量。调整工业机器人的位置，使激光笔尖端位于雕刻运动轨迹"（7）"点上方约 20mm 处，且垂直于该点处弧面。依次单击"变量"→"UDINT"→" 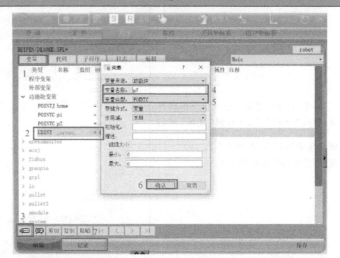 "，在"变量名称"文本框中输入"p7"，在"变量类型"下拉列表框中选择"POINTC"，单击"确认"按钮，再选中"p7"所在程序行，单击"记录"按钮，完成"p7"变量的添加	
12）添加"p3"变量。调整工业机器人的位置，使激光笔尖端位于雕刻运动轨迹"（3）"点上方约 20mm 处，且垂直于该点处弧面。依次单击"变量"→"UDINT"→" 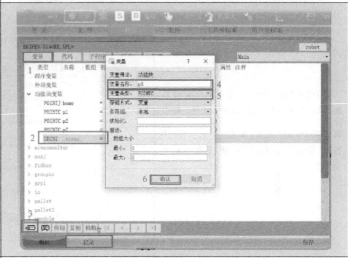 "，在"变量名称"文本框中输入"p3"，在"变量类型"下拉列表框中选择"POINTC"，单击"确认"按钮，再选中"p3"所在程序行，单击"记录"按钮，完成"p3"变量的添加	
13）添加 MCIRC 运动指令。单击"代码"按钮，选中程序行"5"，单击"MCirc"按钮，再选中程序行"5"，单击"编辑"按钮，进入指令编辑界面	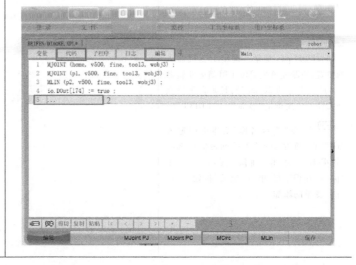

（续）

操作步骤及说明	示意图
14）引入"p7"变量。进入指令编辑界面，单击"POINTC"，在右侧"变量"列表框中选中"p7"变量，单击"<<"按钮，完成"p7"变量的引入	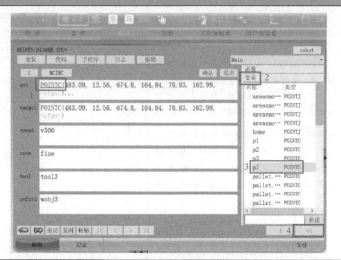
15）引入"p3"变量。进入指令编辑界面，单击"POINTC"，在右侧"变量"列表框中选中"p3"变量，单击"<<"按钮，最后单击"确认"按钮，完成"p3"变量的引入	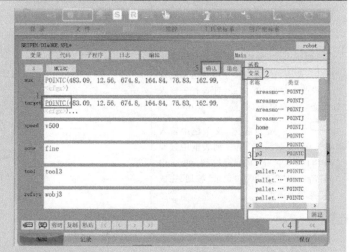
16）添加"p4"变量。调整工业机器人的位置，使激光笔尖端位于雕刻运动轨迹"（4）"点上方约 20mm 处，且垂直于该点处弧面。依次单击"变量"→"UDINT"→"▣"，在"变量名称"文本框中输入"p4"，在"变量类型"下拉列表框中选择"POINTC"，单击"确认"按钮，再选中"p4"所在程序行，单击"记录"按钮，完成"p4"变量的添加	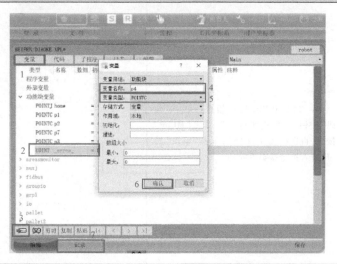

（续）

操作步骤及说明	示意图
17）添加 MLIN 运动指令。单击"代码"按钮，选中程序行"6"，单击"MLin"按钮，再选中程序行"6"，单击"编辑"按钮，进入指令编辑界面	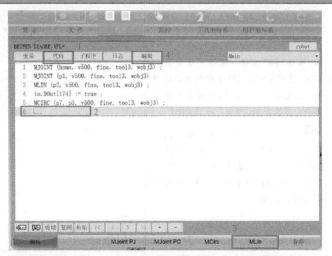
18）引入"p4"变量。进入指令编辑界面，单击"POINTC"，在右侧"变量"列表框中选中"p4"变量，单击"＿＿＜＜＿＿"按钮，最后单击"确认"按钮，完成"p4"变量的引入	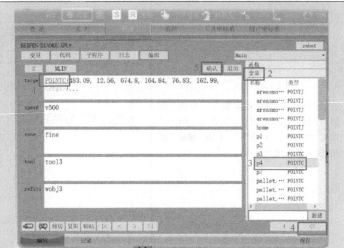
19）添加"p5"变量。调整工业机器人的位置，使激光笔尖端位于雕刻运动轨迹"（5）"点上方约 20mm 处，且垂直于该点处弧面。依次单击"变量"→"UDINT"→""，在"变量名称"文本框中输入"p5"，在"变量类型"下拉列表框中选择"POINTC"，单击"确认"按钮，再选中"p5"所在程序行，单击"记录"按钮，完成"p5"变量的添加	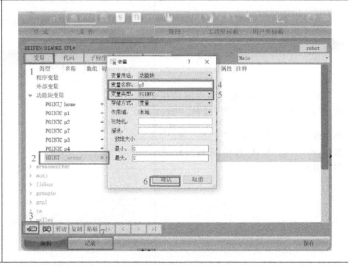

93

操作步骤及说明	示意图
20）添加"p6"变量。调整工业机器人的位置，使激光笔尖端位于雕刻运动轨迹"（6）"点上方约 20mm 处，且垂直于该点处弧面。依次单击"变量"→"UDINT"→""，在"变量名称"文本框中输入"p6"，在"变量类型"下拉列表框中选择"POINTC"，单击"确认"按钮，再选中"p6"所在程序行，单击"记录"按钮，完成"p6"变量的添加	
21）添加 MCIRC 运动指令。单击"代码"按钮，选中程序行"7"，单击"MCirc"按钮，再选中程序行"7"，单击"编辑"按钮，进入指令编辑界面	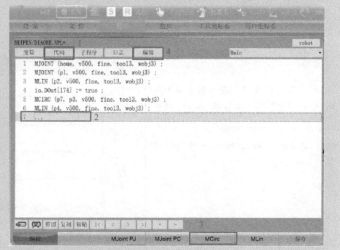
22）引入"p5"变量。进入指令编辑界面，单击"POINTC"，在右侧"变量"列表框中选中"p5"变量，单击"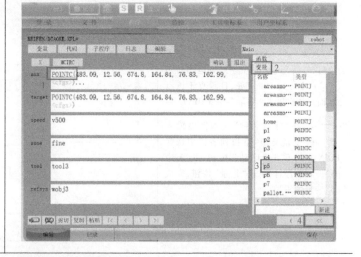"按钮，最后单击"确认"按钮，完成"p5"变量的引入	

（续）

操作步骤及说明	示意图
23）引入"p6"变量。进入指令编辑界面，单击"POINTC"，在右侧"变量"列表框中选中"p6"变量，单击"<<"按钮，最后单击"确认"按钮，完成"p6"变量的引入	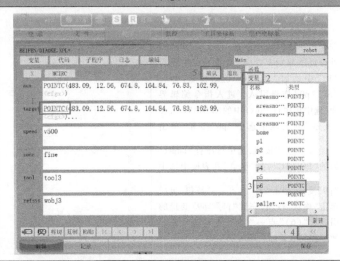
24）"（6）"点→"（7）"点运动轨迹示教编程。在程序行"8"中添加"MLIN"运动指令，进入指令编辑界面，引入"p7"变量。单击"POINTC"按钮，在"变量"列表框中选中"p7"变量，单击"<<"按钮，最后单击"确认"按钮，完成"p7"变量的引入。"（6）"点→"（7）"点运动轨迹示教编程完成后如右图所示	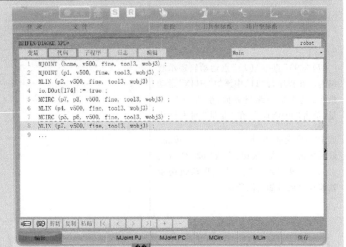
25）"（7）"点→"（6）"点运动轨迹示教编程。在程序行"9"中添加"MLIN"运动指令，进入指令编辑界面，引入"p6"变量，具体操作如步骤23）所述，"（7）"点→"（6）"点运动轨迹示教编程完成后如右图所示	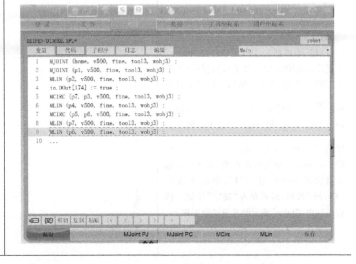

（续）

操作步骤及说明	示意图
26)"(6)"点→"(9)"点运动轨迹示教编程。在雕刻运动轨迹"(8)""(9)"点处分别添加"p8""p9"变量。在程序行"10"中添加"MCIRC"运动指令，并将"p8""p9"变量引入。进入指令编辑界面，选中程序行"aux"中的"POINTC"，在"变量"列表框中选中"p8"变量，单击"<<"按钮，选中程序行"target"后的"POINTC"，在"变量"列表框中选中"p9"变量，单击"<<"按钮，最后单击"确认"按钮，完成"p8""p9"变量的引入。"(6)"点→"(9)"点运动轨迹示教编程完成后如右图所示	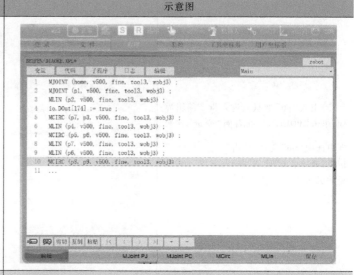
27)"(9)"点→"(2)"点运动轨迹示教编程。在程序行"11"中添加"MLIN"运动指令，进入指令编辑界面，引入"p2"变量，单击"POINTC"，在"变量"列表框中选中"p2"变量，单击"<<"按钮，最后单击"确认"按钮，完成"p2"变量的引入。"(9)"点→"(2)"点运动轨迹示教编程完成后如右图所示	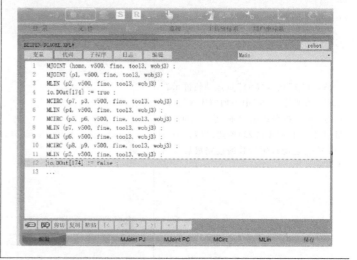
28)添加 io. DOut[174]控制指令。在程序行"12"中添加 io. DOut[174]控制指令，在程序页面中选中所要编辑的程序行，单击"编辑"按键，选中右侧"通用"列表框中的":="，然后单击"<<"按钮，即可出现"dest"和"expr"。选中右侧变量中的"io. DOut"，再单击"<<"按钮，"io. DOut"即出现在左侧"dest"中，输入对应的 I/O 口号"174"，单击下方的"FALSE"按钮，最后单击"确定"按钮。该程序行中，"false"表示激光笔结束工作	

（续）

操作步骤及说明	示意图
29）"（2）"点→"（10）"点运动轨迹示教编程。在程序行"13"中添加"MLIN"运动指令，进入指令编辑界面，引入"p10"变量。单击"POINTC"，在"变量"列表框中选中"p10"变量，单击"<<"按钮，最后单击"确认"按钮，完成"p10"变量的引入。"（2）"点→"（10）"点运动轨迹示教编程完成后如右图所示	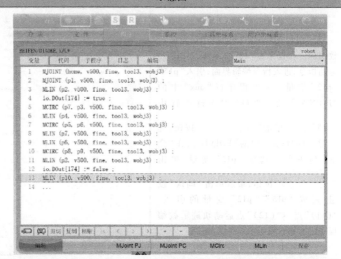
30）添加 io. DOut［174］控制指令。在程序行"14"中添加"io. DOut［174］"控制指令。在程序页面中选中所要编辑的程序行，单击"编辑"按键，选中右侧"通用"列表框中的"：="，然后单击"<<"按钮，即可出现"dest"和"expr"。选中右侧"变量"列表框中的"io. DOut"，再单击"<<"按钮，"io. DOut"即出现在左侧"dest"中，输入对应的 I/O 口号"174"，单击下方的"TRUE"按钮，最后单击"确定"按钮。该程序行中，"true"表示激光笔开始工作	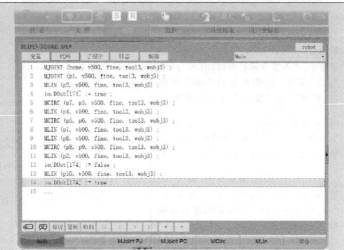
31）"（10）"点→"（11）"点运动轨迹示教编程。在程序行"15"中添加"MCIRC"运动指令，进入指令编辑界面，引入"p14""p11"变量。选中程序行"aux"中的"POINTC"，在"变量"列表框中选中"p14"变量，单击"<<"按钮，选中程序行"target"中的"POINTC"，在"变量"列表框中选中"p11"变量，单击"<<"按钮，最后单击"确认"按钮，完成"p14""p11"变量的引入。"（10）"点→"（11）"点运动轨迹示教编程完成后如右图所示	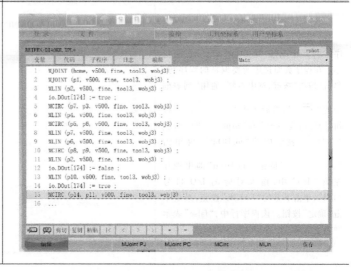

操作步骤及说明	示意图
32）"（11）"点→"（12）"点运动轨迹示教编程。在程序行"16"中添加"MCIRC"运动指令，进入指令编辑界面，引入"p15""p12"变量。选中程序行"aux"中的"POINTC"，在"变量"列表框中选中"p15"变量，单击"<<"按钮，选中程序行"target"中的"POINTC"，在"变量"列表框中选中"p12"变量，单击"<<"按钮，最后单击"确认"按钮，完成"p15""p12"变量的引入。"（11）"点→"（12）"点运动轨迹示教编程完成后如右图所示	
33）"（12）"点→"（13）"点运动轨迹示教编程。在程序行"17"添加"MCIRC"运动指令，进入指令编辑界面，引入"p16""p13"变量。选中程序行"aux"中的"POINTC"，在"变量"列表框中选中"p16"变量，单击"<<"按钮，选中程序行"target"中的"POINTC"，在"变量"列表框中选中"p13"变量，单击"<<"按钮，最后单击"确认"按钮，完成"p16""p13"变量的引入。"（12）"点→"（13）"点运动轨迹示教编程完成后如右图所示	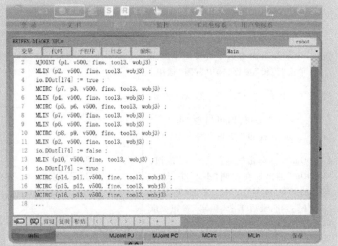
34）添加io.DOut［174］控制指令。在程序行"18"中添加"io.DOut［174］"控制指令。在程序页面选中所要编辑的程序行，单击"编辑"按键，选中右侧"通用"列表框中的"：="，然后单击"<<"按钮，即可出现"dest"和"expr"。选中右侧"变量"列表框中的"io.DOut"，再单击"<<"按钮，"io.DOut"即出现在左侧"dest"中，输入对应的I/O口号"174"，单击下方的"FALSE"按钮，最后单击"确定"按钮。该程序行中，"false"表示激光笔结束工作	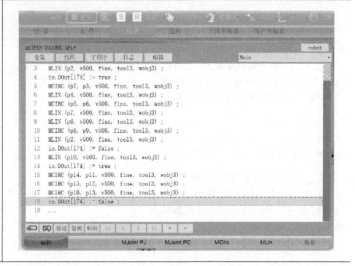

（续）

操作步骤及说明	示意图
35）添加 MLIN 运动指令。将工业机器人沿"Z+"方向移动大约50mm，选中程序行"19"，单击"MLin"按钮。该操作的目的是使激光笔尖端与雕刻模块保持安全距离，为工业机器人返回"home"点做准备	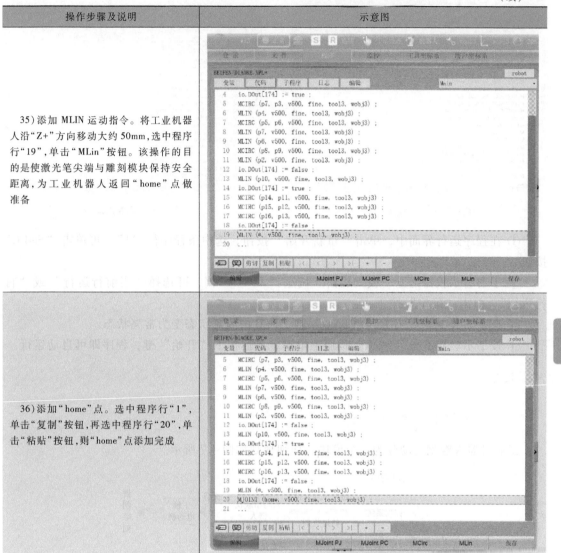
36）添加"home"点。选中程序行"1"，单击"复制"按钮，再选中程序行"20"，单击"粘贴"按钮，则"home"点添加完成	

99

4. 程序调试与运行

（1）调试目的　检查程序的位置点是否正确；检查程序的逻辑控制是否完善；检查子程序的输入参数是否合理。

（2）调试过程

1）加载程序。工业机器人示教编程完成后，单击左下角"编辑"按钮，退出程序编辑界面，进入程序运行界面，如图 4-5 所示。

2）试运行程序。进入程序运行界面后，单击"重新开始"按钮，并选中程序行"1"，再单击"Set PC"按钮，如图 4-6 所示。使示教器使能键保持在"中间档"，按住示教器右侧绿色三角形开始键"▶"，则程序开始试运行，指示箭头依次下移。

3）自动运行程序。经过试运行确保程序无误后，就可自动运行程序，自动运行程序操作步骤如下。

图 4-5　程序运行界面

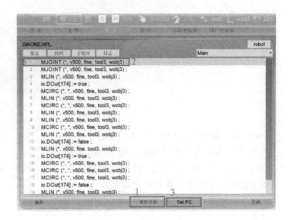

图 4-6　程序试运行

① 在程序运行界面中，单击"重新开始"按钮，选中条程序行"1"，再单击"SetPC"按钮。

② 手动将示教器上方"模式旋钮"调至"AUTO"档，可选择"当前行运行"或"首行运行"，单击"确定"按钮。

③ 按下"控制柜"后方"SERVO"键，使其由闪烁状态变为常亮状态。

④ 按下示教器下方"PWR"伺服上电键，最后按下"开始"键，程序即可自动运行。

知识拓展

一、工业机器人雕刻示例

工业机器人雕刻运动分为三个模块，详细规划如图 4-7 所示。

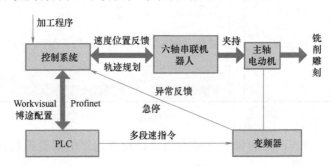

图 4-7　雕刻运动模块规划

1）规划模块，根据雕刻的任务要求生成相应的运动轨迹。

2）控制模块，控制工业机器人运行速度，调整雕刻时切削力的大小。

3）执行模块，输出工业机器人实际雕刻时的运动轨迹和雕刻力。

工业机器人在雕刻加工领域已经有所应用，机器人公司 KUKA、ABB 等都生产了用于石材制品加工的工业机器人，可以对大理石、花岗岩进行雕刻、凿切、研磨抛光和搬运等操作，用于石材雕刻加工的工业机器人的结构形式以关节式为主，自由度为 5~6 个。这些公司生产的石材制品加工工业机器人以高载荷工业机器人为主体，末端执行器为与加工中心相同的电主轴，再配以用于石材制品加工的切削刀具，便可以像加工中心一样实现切削、换刀等功能，如图 4-8 所示。将工业机器人转化为类似于 5~6 轴联动的加工中心，同时保持工业机器人原有的灵活性，可以完成加工中心难以完成的切削加工任务。结合加工轨迹的生成和工业机器人轨迹规划程序生成用于工业机器人的数控程序，完成相应的切削加工。

人工雕刻家具十分耗时且对工匠技术水平要求高，雕刻机器人的出现大大提高了雕

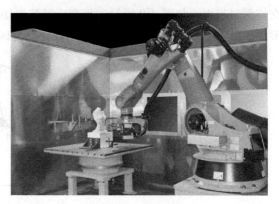

图 4-8 雕刻机器人

刻效率。瑞典林雪平大学（Linköping University）的 Andersson 等在 ABB IRB2400 六轴机器人末端安装 ATI gamma 力/力矩传感器和雕刻刀头，并设计了一种刀头控制算法，这种算法以 100Hz 的频率从传感器获取 X、Y、Z 轴方向上的力，用于控制切削速度和倾角，通过调整刀具的前倾角来获得标称力，从而控制切削深度，获得最佳表面质量，雕刻速度可达 7.5mm/s。

青岛理工大学机械学院孔凡斌等设计了一种可以加工复杂曲面的 6R 雕刻机器人，它采用面铣刀，运用泰勒和坐标变换方法计算出切削点、刀具方向以及末端执行器逆运动变换，完成 NURBS 曲面刀路轨迹规划，刀具以恒定速度进行切削，保证了加工质量和效率。

北京建筑大学郑娇设计了工业机器人辅助数控精密木雕加工系统，在数控雕刻加工系统的基础上加入 MOTOMAN-MH50 型工业机器人，利用工业机器人可以灵活变换角度的特点，完成复杂结构的雕刻工艺。该系统通过 3D 扫描仪进行图像采集，经计算机处理后生成工件模型，自动获取 NC 代码和刀具路径，分别控制机床和工业机器人进行加工。木雕加工系统各个工序之间联系紧密，提高了雕刻的生产效率，可实现平面浮雕、镂空雕刻等多种雕刻功能。

二、切削力产生

切削力是研究雕刻加工过程中一个很重要的物理信息，切削力会随着末端铣刀切削时的转速、进给速度、切削深度的改变而变化，雕刻过程切削力的大小直接影响到工件的尺寸精度、表面粗糙度以及刀具的使用寿命，因此需要对工业机器人雕刻过程中的切削力进行建模。

在雕刻加工过程中对切削力模型的建立有助于工作人员对雕刻工件所受力情况进行实时预测，以及为研究其他物理信息提供理论基础。而切削力的大小，受刀具参数、材料参数以及雕刻加工前设置的加工参数等影响，其建模难度大，故需要对雕刻过程中的切削力模型进行简化。

工业机器人切削的本质是待加工工件在末端铣刀的挤压作用下产生形变，在这个形变的过程中，工件材料受到切削力的作用，多余切屑发生了脱落。此时，切削力主要来源于加工工件内部的变形阻力和切削时铣刀切削刃与切屑之间产生的摩擦阻力。在工业机器人雕刻正

交切削过程中，如图 4-9 所示，形变区域按照塑性变形特性划分为三个区域，即剪切滑移变形区、纤维化变形区、纤维化与加工硬化变形区。

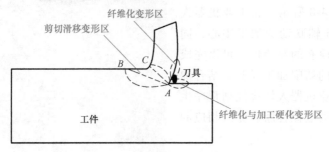

图 4-9　正交切削模型

（1）剪切滑移变形区　该区域表示材料由弹性变形转变为塑形变形，即由线段 AB 到线段 AC 的这一部分区域，用线段 AB 来表示初始滑移线，该区域宽度为 $0.02\sim0.2$mm。随着末端铣刀对加工材料进行切削，受刀具挤压作用，工件从线段 AB 处开始产生应力应变，当到达线段 AC 处应力应变则达到最大值，切屑开始从工件上面脱落。

（2）纤维化变形区　该区域材料与铣刀前切削刃紧密接触，近似为一个面。雕刻时的进给速度及刀具参数都会影响切屑与切削刃之间的摩擦力，该摩擦力使待脱落的切屑在铣刀切削刃上面发生滞留，在较短时间里这些滞留的材料塑形变形会急速增加，直至脱离工件。

（3）纤维化与加工硬化变形区　该区域是末端铣刀雕刻之后产生的，有摩擦应力的存在。在工业机器人雕刻过程中，已加工的表面与末端铣刀刀尖产生摩擦力，雕刻时的进给速度越慢，其产生的摩擦力就越大。

以上三个变形的区域都集中在末端铣刀附近，末端铣刀所受切削力的大小由这三个区域受力情况共同影响。

评价反馈

评价反馈见表 4-5。

表 4-5　评价反馈

基本素养（30 分）					
序号	评估内容		自评	互评	师评
1	纪律（无迟到、早退、旷课）（10 分）				
2	安全规范操作（10 分）				
3	团结协作能力、沟通能力（10 分）				
理论知识（30 分）					
序号	评估内容		自评	互评	师评
1	BN-R3 型工业机器人 I/O 控制指令的内容（10 分）				
2	BN-R3 型工业机器人常用变量（10 分）				
3	BN-R3 型工业机器人坐标系分类（5 分）				
4	BN-R3 型工业机器人的运动方式（5 分）				

（续）

技能操作（40分）				
序号	评估内容	自评	互评	师评
1	正确完成编程前准备工作（10分）			
2	按雕刻运动轨迹完成示教编程（10分）			
3	正确编写工业机器人I/O控制指令（10分）			
4	程序自动运行验证无误（10分）			
	综合评价			

练习与思考题

一、填空题

1) _____直接影响到工件的尺寸精度、表面粗糙度以及刀具的使用寿命。

2) _____的建立有助于工作人员对雕刻工件所受力情况进行实时预测，以及为研究其他物理信息提供了理论基础。

3) 机器人雕刻运动分为_____个模块。

二、简答题

1) 简述工业机器人雕刻运动分为几个模块以及每个模块的作用。

2) 用关节式机器人来加工工艺品可以克服数控铣床的什么缺点？

三、编程题

参考雕刻模块进行工业机器人示教编程，如图4-10所示，使工业机器人从运动轨迹中的点（13）出发，依次经过点（16）、点（12）、点（15）、点（11）、点（14）、…、点（2）进行雕刻工作。

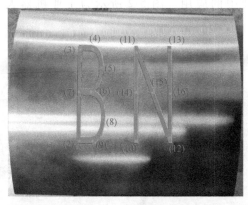

图 4-10　题三图

项目五 工业机器人搬运应用编程

学习目标

1. 能够根据工作任务要求，设置传感器、电磁阀机器人 I/O 参数，编制供料、立体仓库等装置的工业机器人的上、下料程序。

2. 能够根据工作任务要求，使用示教器编制搬运应用程序，对程序进行复制、粘贴、重命名等编辑操作。

3. 能够根据工作任务要求，使用直线、圆弧、关节等运动指令进行示教编程；能够根据工艺流程调整要求及程序运行结果修改直线、圆弧、关节等运动指令参数，对搬运应用程序进行调整。

工作任务

一、工作任务的背景

工业机器人在搬运方面有着超大负重力和替代人工在危险、恶劣的环境下完成搬运任务的优势，在搬运的过程中还可以对物料进行分拣、装卸，对于生产节拍有着很强的适应能力。目前，工业机器人在搬运方面有众多成熟的解决方案，在食品、医药、化工、金属加工、太阳能等领域均有广泛的应用，涉及物流输送、周转、仓储等。图 5-1 所示为工业机器人在快递包装中的应用。图 5-2 所示为工业机器人在数控机床上下料中的应用。

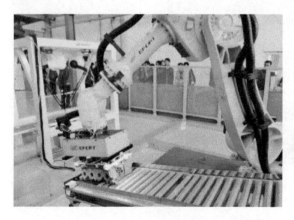

图 5-1　工业机器人在快递包装中的应用

图 5-2 工业机器人在数控机床上下料中的应用

二、所需要的设备

工业机器人搬运系统涉及的主要设备包括：工业机器人应用领域一体化教学创新平台（BNRT-IRAP-R3）、BN-R3 型工业机器人本体、工业机器人控制器、示教器、气泵、旋转原料仓储模块、旋转供料模块、平口夹爪工具和柔轮组件，如图 5-3 所示。

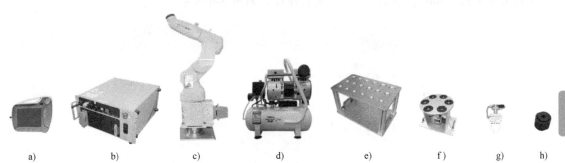

a)   b)   c)   d)   e)   f)   g)   h)

图 5-3 搬运所需设备

a）示教器 b）控制器 c）BN-R3 型工业机器人本体 d）气泵 e）旋转原料仓储模块
f）旋转供料模块 g）平口夹爪工具 h）柔轮组件

105

三、任务描述

本任务利用博诺工业机器人将柔轮组件从原料仓储模块搬运到旋转供料模块。需要依次进行创建程序文件、程序编写、目标点示教、工业机器人程序调试，进而完成整个搬运工作任务。

将旋转供料模块和原料仓储模块安装在工作台指定位置，在工业机器人末端手动安装平口夹爪工具，按照图 5-4 所示摆放 1 个柔轮组件，创建并正确命名例行程序。利用示教器进行现场操作编程，按下启动按钮后，工业机器人自动从工作原点开始执行搬运任务，将柔轮组件从原料仓储模块搬运到旋转供料模块的库位中，柔轮组件与旋转供料模块库位完全贴合，完成柔轮组件搬运任务后工业机器人返回工作原点，搬运完成如图 5-5 所示。

图 5-4　柔轮组件初始摆放

图 5-5　柔轮组件搬运完成

实践操作

一、知识储备

1. 创建程序

（1）新建文件夹　在管理员权限下，单击登录界面任务栏上的"文件"按钮，在"文件"窗口中单击"新建"按钮，在弹出的菜单中选择"文件夹"，然后在弹出的软键盘中输入文件夹的名称"file"，单击""进行保存，如图 5-6 所示。

图 5-6　新建文件夹

（2）新建文件　在管理员权限下，单击登录界面任务栏上的"文件"按钮，在"文件"窗口中单击"新建"按钮，在弹出的菜单中选择"文件"，然后在弹出的软键盘中输入文件的名称"CARRY"，单击""进行保存，如图 5-7 所示。

如果需要在指定文件夹下新建程序文件，需要先选中该文件夹，再单击"新建"按钮进行程序文件新建。

（3）复制 & 粘贴　选中需要复制的文件或者文件夹，然后单击"复制 & 粘贴"按钮，完成文件或者文件夹的复制、粘贴。

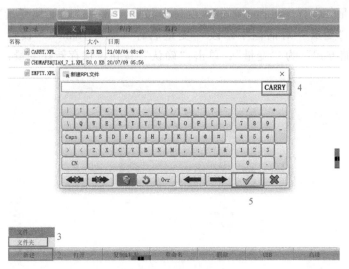

图 5-7 新建文件

（4）重命名 选中需要重新命名的文件或者文件夹，然后单击"重命名"按钮，在弹出的软键盘中输入文件或者文件夹的名称，单击" ✔ "按钮进行保存。

重命名文件或者文件夹时不可使用已有的名称。

2. 变量

（1）变量的数据类型 变量数据类型主要包括 TOOL、SPEED、POINTC、ZONE、VECT3、POINTJ、BOOL、DINT、UDINT、LREAL，变量类型与具体功能见表 5-1。

表 5-1 变量类型与具体功能

变量类型	名称	功能
TOOL	工具	运动指令中使用的工具参数
SPEED	速度	运动指令中使用的速度参数
POINTC	笛卡儿空间位姿	包含三个位置和三个旋转姿态的笛卡儿空间点
POINTJ	关节位置	轴组中各个关节的数值
ZONE	过渡混合	两个连续动作指令重叠的参数
VECT3	三维实向量	由三个实数组成的三维向量
BOOL	布尔	布尔类型数值（真或假）
DINT	双精度整数	32 位整数,可以取负数（例如:-1234）
UDINT	无符号双精度整数	32 位整数,只能取正数（例如:25）
LREAL	长实数	双精度浮点数（例如:3.57）

（2）变量的存储类型

1）VAR 为可变量，该变量可以在 RPL 程序中赋值，当 RPL 程序重新启动后它的值恢复到初始值。

2）CONST 为常量变量，该变量不能在 RPL 程序中赋值，必须使用初始值来赋值。

3）RETAIN 为持续性变量，当 RPL 程序从内存中卸载时，变量的值将被保留。

107

（3）新建变量　在程序界面下单击"变量"按钮，选中"功能块变量"，单击" 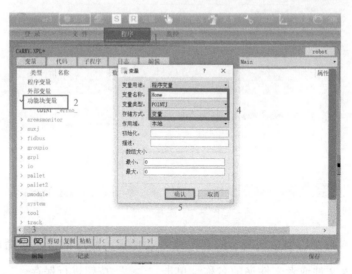 "
按钮，在弹出的"变量"对话框中修改"变量名称"为"Home"、设置"变量类型"为
"POINTJ"、"存储方式"为"变量"，单击"确认"按钮，保存新建变量，如图5-8所示。

图5-8　新建变量

（4）设置变量初始值　在程序界面下单击"变量"按钮，单击"功能块变量"，选中
"Home"所在行，在关节坐标系下操作工业机器人运动到（0°，0°，0°，0°，-90°，0°）位
置，单击"记录"按钮，记录变量"Home"位置信息，如图5-9所示。

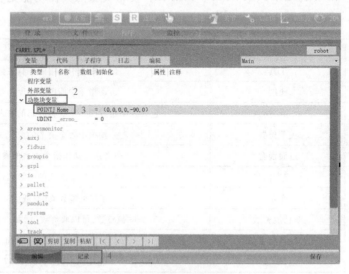

图5-9　设置变量初始值

3. 指令介绍

（1）: =赋值指令　通过此指令，可以为变量赋值。

格式为变量: =表达式；

示例如下。

i: = 123;

temp: = SIN(0.392);

在这个例子中，变量 i 被设置为 123，temp 的值为 SIN（0.392）。

此指令不能用于将一个数组直接赋值给另外一个数组。如果想要把一个数组的值赋值到另外一个数组中，必须针对数组中的每个元素使用此指令。

（2）PULSE 脉冲函数 PULSE 为一个布尔型变量设置一个预先定义的时间量的特定值，时间用 s 表示。经过一段时间后，布尔型变量设置为相反的值。通过将可选参数"前进"设置为"true"状态，可以不等待且直接运行下一条指令。

格式为 PULSE（布尔型变量，设定值，时间，[前进]）;

示例如下。

BOOLgun

...

PULSE(gun,true,2,true);

MLIN(p1,v500,z20,tool1);

变量 gun 将会维持 2s "true" 状态，此变量设置为 "true" 状态后，因为参数 "前进"设置为 "true" 状态，后续指令可以连续地执行。

（3）IF THEN ELSE 条件语句 若 IF 条件为真，则执行 IF 后的指令语句；否则执行 ELSE 后的指令语句。当键入一个 IF 指令时，系统会自动添加 END_IF 语句。如果想要插入 ELSE 语句，必须单击 END_IF 语句，然后在示教器显示的编辑栏添加 ELSE 语句。

格式为

IF 条件 THEN

...

ELSE

...

END_IF;

示例如下。

IF j: = 1 THEN

sum: = sum+1;

ELSE

sum: = sum+2;

END_IF;

此例中如果变量 j 等于 1，则变量 sum 加 1，否则 sum 加 2。

4. 新建工具坐标系

通过离线编程软件可获取平口夹爪坐标系的数据，如图 5-10 所示。

二、任务实施

1. 运动轨迹规划

工业机器人搬运动作可分解为抓取、移动、放置工件等动作，如图 5-11 所示。

本任务以搬运柔轮组件为例，规划 5 个程序点作为柔轮组件搬运点，程序点的用途见

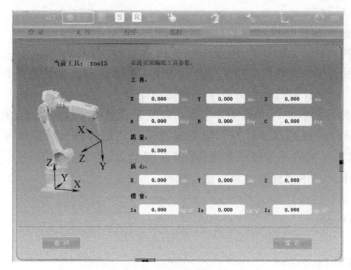

图 5-10 新建工具坐标系

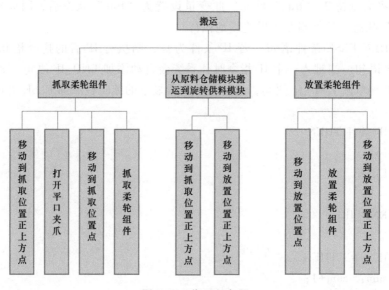

图 5-11 搬运任务图

表 5-2，搬运运动轨迹如图 5-12 所示，最终将柔轮组件从原料仓储模块搬运到旋转供料模块库位中。

表 5-2 程序点说明

程序点	符号	类型	说明
程序点 1	Home	POINTJ	工作原点
程序点 2	pick0	POINTC	抓取位置正上方点
程序点 3	pick1	POINTC	抓取位置点
程序点 4	place0	POINTC	放置位置正上方点
程序点 5	place1	POINTC	放置位置点

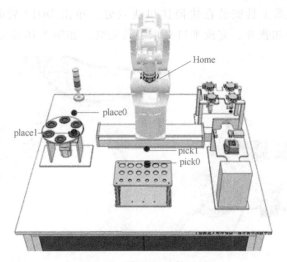

图 5-12 搬运运动轨迹图

2. 手动安装平口夹爪工具

（1）外部 I/O 口功能说明 见表 5-3。

表 5-3 外部 I/O 口功能

数字量 I/O 口	名称	功能
数字量输出	DO9	平口夹爪工具收紧
	DO8	平口夹爪工具松开
	DO13	快换末端卡扣收缩/张开
数字量输入	io. DIn[8]	检测平口夹爪工具是否松开

111

（2）手动安装平口夹爪工具

1）单击示教器"监控"按钮，选中"I/O"并单击，进入到 I/O 控制界面，如图 5-13、图 5-14 所示。

图 5-13 I/O 控制界面（一）

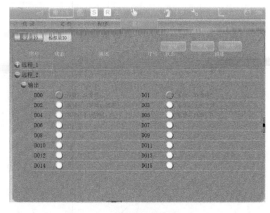

图 5-14 I/O 控制界面（二）

2）单击 DO13 后的状态按钮，使 DO13 强制输出为 1，快换末端卡扣收缩，如图 5-15 所示。

3）手动将平口夹爪工具安装在快换接口法兰处，单击 DO13 后的状态按钮，使 DO13 输出为 0，快换末端卡扣张开，完成平口夹爪工具安装，如图 5-16 所示。

图 5-15　快换末端卡扣收缩

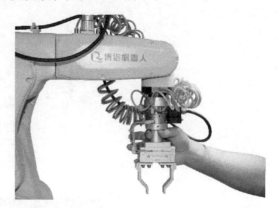

图 5-16　安装平口夹爪工具

4）手动抓住安装在快换接口法兰处的平口夹爪工具，单击 DO13 后的状态按钮，使 DO13 输出为 1，快换末端卡扣收缩，完成平口夹爪工具拆装。

3. 示教编程

搬运模块的示教编程包括以下步骤，见表 5-4。

表 5-4　搬运模块的示教编程

操作步骤及说明	示意图
1）新建搬运程序文件。在管理员权限下，依次单击登录界面任务栏中的"文件"→"新建"→"文件"，然后在弹出的软键盘中输入文件的名称"CARRY"，单击" ✓ "按钮进行保存	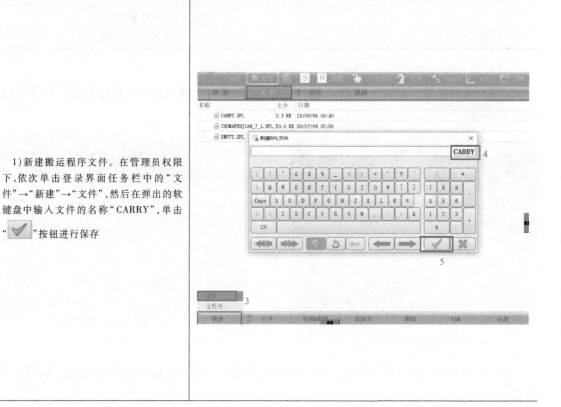

（续）

操作步骤及说明	示意图
2）新建工作点变量。在程序界面下依次单击"变量"→"功能块变量"→""，弹出"变量"对话框，在"变量名称"文本框中输入"Home"，单击"变量类型"下拉列表框中的"POINTJ"，再单击"确认"按钮	
3）记录工作点变量位置信息。在程序界面下依次单击"变量"→"功能块变量"，选中"POINTJ Home"，在关节坐标系下操作工业机器人运动到（0,0,0,0,-90,0）位置，单击"记录"按钮，记录"Home"的位置信息	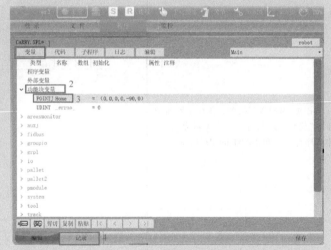
4）记录其余工作点变量位置信息。采用同样的方法新建变量"pick0""pick1""place0""place1"，并设置"变量类型"为"POINTC"。操作工业机器人分别运动到抓取位置正上方、抓取位置、放置位置正上方和放置位置，分别单击"记录"按钮，记录"pick0""pick1""place0""place1"的位置信息	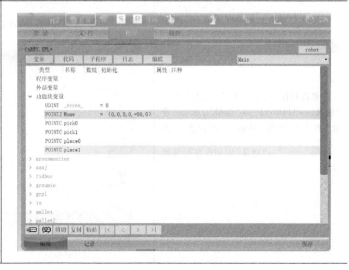

113

（续）

操作步骤及说明	示意图
5）新建坐标系。参考项目二中的表2-4、表2-5分别新建工具坐标系tool5、用户坐标系wobj2和wobj5，并激活工具坐标系tool5和用户坐标系wobj5	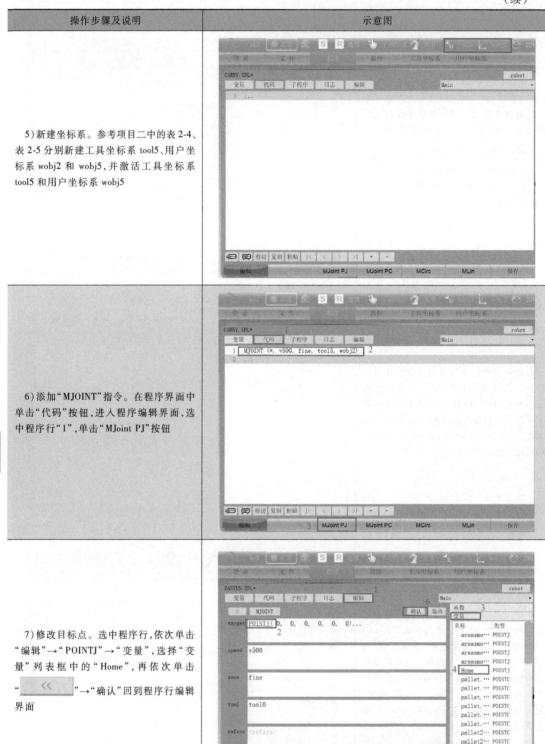
6）添加"MJOINT"指令。在程序界面中单击"代码"按钮，进入程序编辑界面，选中程序行"1"，单击"MJoint PJ"按钮	
7）修改目标点。选中程序行，依次单击"编辑"→"POINTJ"→"变量"，选择"变量"列表框中的"Home"，再依次单击"　<<　"→"确认"回到程序行编辑界面	

（续）

操作步骤及说明	示意图
8）添加赋值指令。选中程序行"2"，单击界面右上方"编辑"按钮，进入程序行编辑界面，选中"通用"指令集中的"：＝"，单击"<u> ≪ </u>"按钮，进入外部 I/O 口设置界面	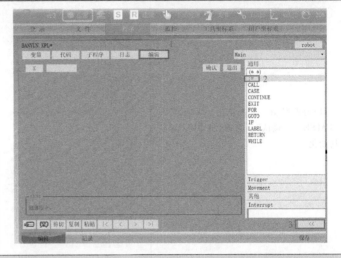
9）更换变量。依次单击程序行"dest"中的"<dest>"→"变量"，选中"变量"列表框中的"io. DOut"，单击"<u> ≪ </u>"按钮，将变量更换为 io. DOut[???]	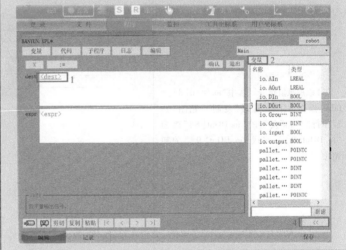
10）选中"[???]"，单击"值"按钮，在弹出的 Numeric input 对话框中输入"8"后单击"✓"按钮	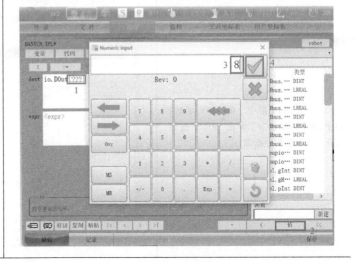

（续）

操作步骤及说明	示意图
11）修改赋值。依次单击"＜expr＞"→"FALSE"→"确认"。完成"io. DOut［8］"初始化	
12）添加赋值指令。选中"io. DOut［8］:＝false"所在程序行，通过"复制""粘贴"到程序行"3"，新复制的"io. DOut［8］"改为"io. DOut［9］"，完成"io. DOut［9］"的初始化	
13）添加 MLIN 指令。在程序行编辑界面中，选中程序行"4"，单击"MLIN"按钮，完成直线运动指令添加	

（续）

操作步骤及说明	示意图
14）MLIN 指令设置。选中程序行"4"，依次单击"编辑"→"POINTC"在"变量"列表框中选中"pick0"，再依次单击" << "→"确认"。将目标点修改为"pick0"，工业机器人直线运动到"pick0"处	
15）添加脉冲指令。在程序行编辑界面,选中程序行"5",依次单击"编辑"→"其他",选中"其他"列表框中的"PULSE",再单击" << "按钮,完成脉冲指令添加	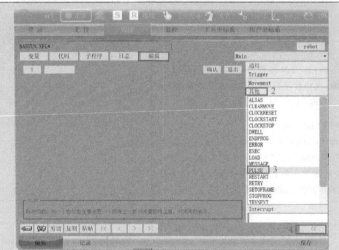
16）脉冲指令设置。将 PULSE 指令变量依次设置为"io.DOut［8］""true""0.5",再单击"确认"按钮。当"io.DOut［8］"输出一个上升沿触发信号,平口夹爪工具张开,而 PULSE 函数可以使得"io.DOut［8］"输出一个高电平脉冲	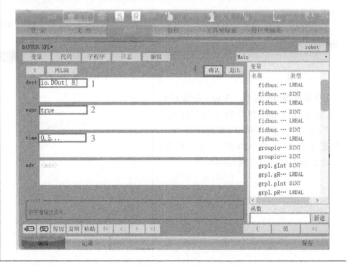

117

（续）

操作步骤及说明	示意图
17）添加 MLIN 指令。在程序行编辑界面，选中直线运动指令所在的程序行"4"，通过"复制""粘贴"到程序行"6"，快速完成 MLIN 指令添加，并将目标点修改为"pick1"，工业机器人直线运动到"pick1"处	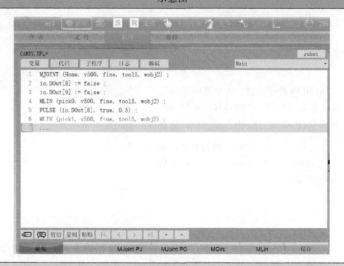
18）添加脉冲指令。在程序行编辑界面，选中程序行"7"，依次单击"编辑"→"其他"，选中"其他"列表框中的"PULSE"，再单击"＿＜＜＿"按钮，并将 PULSE（脉冲）指令变量依次设置为"io. DOut［9］""true""0.5"。当 io. DOut［9］输出一个上升沿触发信号，平口夹爪工具闭合，抓取柔轮组件	
19）添加 MLIN 指令。在程序行编辑界面，选中直线运动指令所在的程序行""4"，通过"复制""粘贴"到程序行"8"，快速完成 MLIN 指令添加，目标点不变，工业机器人直线运动到"pick0"处	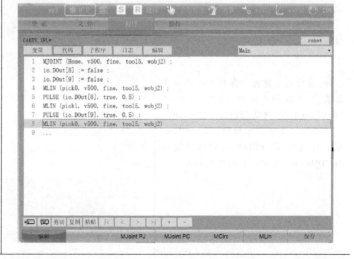

（续）

操作步骤及说明	示意图
20) 激活已建好的用户坐标系"wobj5"	
21) 添加 MJOINT 指令。在程序行编辑界面,选中关节运动指令所在的程序行"1",通过"复制""粘贴"到程序行"9",快速完成 MJOINT 指令添加,目标点不变。工业机器人直线运动到"Home"处	
22) 添加 MLIN 指令。在程序行编辑界面,选中程序行"10",快速完成 MLIN 指令添加,并将目标点修改为"place0",工业机器人直线运动到"place0"处	

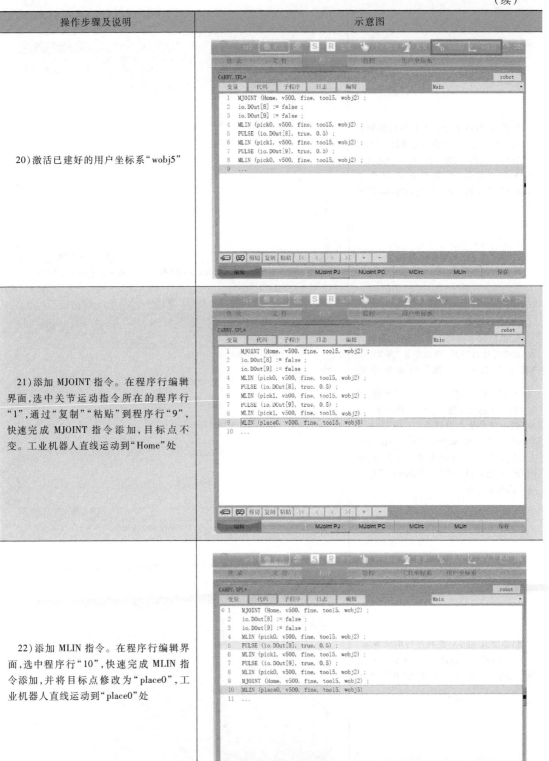

（续）

操作步骤及说明	示意图
23）添加 MLIN 指令。在程序行编辑界面，选中程序行"10"的直线运动指令行，通过"复制""粘贴"到程序行"11"，快速完成 MLIN 指令添加，并将目标点修改为"place1"，工业机器人直线运到"place1"处	
24）添加脉冲指令。在程序行编辑界面，选中程序行"12"，依次单击"编辑"→"其他"，选中"其他"列表框中的"PULSE"，再单击"　<<　"按钮，添加 PULSE（脉冲）指令，并将 PULSE（脉冲）指令变量依次设置为"io. DOut[8]""true""0.5"，当"io. DOut[8]"输出一个上升沿触发信号，平口夹爪工具张开，而 PULSE 函数可以使得"io. DOut[8]"输出一个高电平脉冲	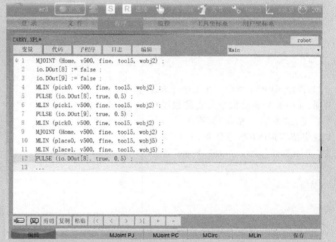
25）添加 IF 指令。在程序行编辑界面，选中程序行"13"，依次单击"编辑"→"通用"，选中"通用"列表框中的"IF"，再单击"　<<　"按钮	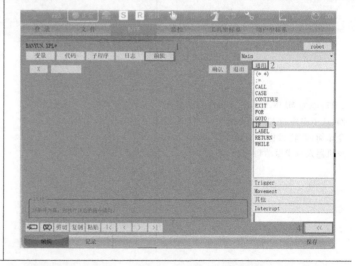

120

（续）

操作步骤及说明	示意图
26）添加函数。添加 IF 指令,并在 IF 指令的条件窗口中添加"io.DIn[???]（数字量输入）"指令,并将数字量输入设置为"io.DIn[8]"	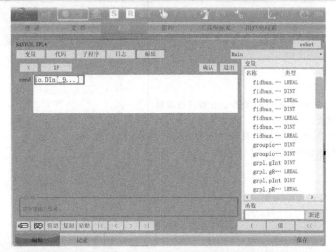
27）条件语句添加 IF 条件判断指令"=",并将判断条件设置为"io.DIn[8] = true"。再单击"确认"回到程序行编辑界面	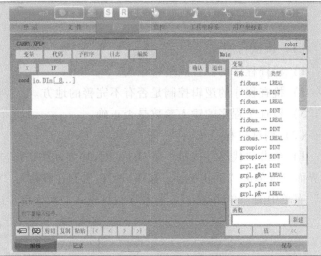
28）添加 MLIN 指令。在程序行编辑界面,选中程序行"14",通过"复制""粘贴",将 MLIN 指令添加到 IF 指令的条件语句中,并将目标点修改为"place0"。当检测到平口夹爪工具张开,工业机器人直线运动到"place0"处	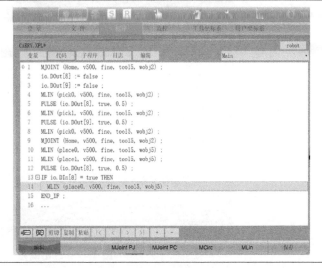

（续）

操作步骤及说明	示意图
29）添加 MJOINT 指令。在程序行编辑界面，选中程序行"1"中的返回工作原点指令，通过"复制""粘贴"到程序行"16"，快速新建返回工作原点程序	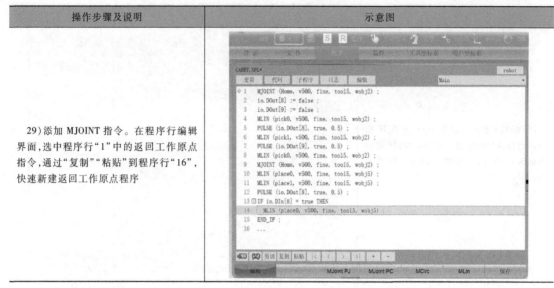

4. 程序调试与运行

（1）调试目的

1）检查程序的位置点是否正确。

2）检查程序的逻辑控制是否有不完善的地方。

3）检查子程序的输入参数是否正确。

（2）调试过程

1）单击"代码"按钮，在 Main 主程序界面中单击"编辑"按钮，进入到 Main 主程序运行界面，再单击"重新开始"按钮，可以看到在程序行"1"中出现一个箭头，然后单击"连续"菜单中的"单步进入"，将程序运行模式切换为单步进入模式，如图 5-17、图 5-18 所示。

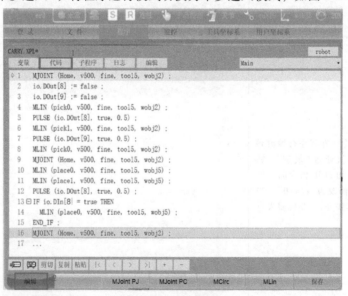

图 5-17 退出编程

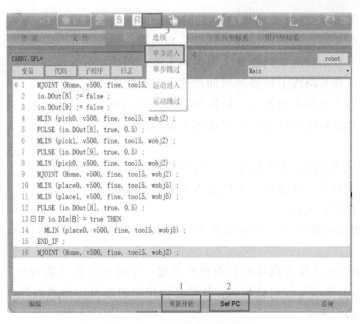

图 5-18　设置程序运行方式

2）按下示教器上的使能键，工业机器人伺服电动机松开抱闸，如图 5-19 所示。

3）按一下启动程序按钮，如图 5-20 所示，工业机器人开始运行。小心观察工业机器人的运动，当需要停止运行程序时，及时按下停止程序按钮。

在运行程序过程中，若发现可能发生碰撞、失速等危险时，应该及时按下示教器上的急停按钮，防止发生人身伤害或工业机器人损坏。

4）搬运结果，如图 5-21 所示。

图 5-19　打开伺服开关

图 5-20　启动程序运行

图 5-21　搬运结果

知识拓展

一、工业机器人搬运编程注意事项

工业机器人在进行动作前需要进行任务规划、动作规划、轨迹规划。轨迹规划是根据工作任务要求，计算出预期的运动轨迹，根据此预期的轨迹，实时计算工业机器人运动的位移、速度、加速度。路线是指工业机器人所运动的空间曲线，与时间无关，而轨迹则是工业机器人在其路线上位姿的时间顺序，与时间有关。所以工业机器人末端由初始点（位置和姿态）运动到终止点，这一运动过程中经过的空间曲线称为路径，如图5-22所示。

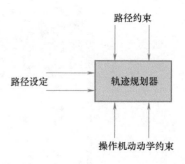

图 5-22　轨迹规划器方框图

在规划运动轨迹之前，需要给定工业机器人在初始点和终止点的机械手形态。在规划工业机器人关节插值运动轨迹时，需要注意以下几点。

1）机械手的运动方向应该指向离开支持表面的方向，否则机械手可能与支持表面相碰撞。

2）沿支持表面的法线方向从初始点向外给定一个离开位置（提升点），并要求机械手（即机械手坐标系的原点）经过此位置。如果还给定由初始点运动到提升点的时间，就可以控制提起物体运动的速度。

3）对机械手运动提升点的要求也适用于终止位置的下放点（即必须先运动到支持表面外法线方向上的某点，再慢慢下移至终止点）。这样就可获得和控制正确的接近方向。

4）机械手的每一次运动，都是四个点，即初始点、提升点、下放点和终止点。

① 初始点：给定速度和加速度（一般为零）。

② 提升点：中间点运动的连续。

③ 下放点：中间点运动的连续。

④ 终止点：给定速度和加速度（一般为零）。

所有关节轨迹的极值不得超出每个关节变量的物理和几何极限，图5-23所示为关节轨迹的位置条件。

5）时间的考虑。

① 在轨迹的初始段和终止段中，时间由工业机器人末端接近和离开支持表面的速率决定，也由关节电动机特性决定的某个常数决定。

② 在轨迹的中间点或中间段中，时间由各关节的最大速度和加速度决定，将使用这些时间中的一个最长时间。

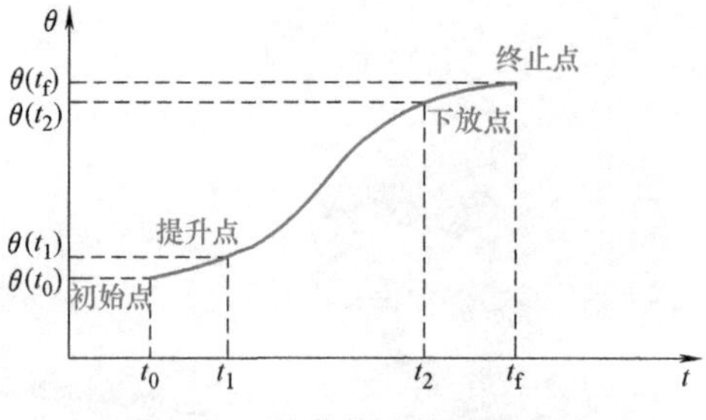

图 5-23　关节轨迹的位置条件

关节插值轨迹的典型约束条件见表5-5。在这些约束下，所要研究的是选择一种 n 次（或小于 n 次）多项式函数，使得在各结点（初始点、提升点、下放点和终止点）上满足对位置、速度和加速度的要求，并使关节位置、速度和加速度在 $[t_0, t_f]$ 的范围中保持连续。

分割轨迹的方法有"4-3-4"和"3-5-3"轨迹分割方法，这里只介绍"4-3-4"轨迹分割方法。"4-3-4"轨迹是指每个关节有三段轨迹：第一段轨迹由初始点到提升点，它用四次多项式表示；第二段（中间段）轨迹由提升点到下放点，它用三次多项式表示；第三段轨迹由下放点到终止点，它由四次多项式表示。

表 5-5 关节插值轨迹的典型约束条件

轨迹	约束条件	轨迹	约束条件	轨迹	约束条件
初始位置	位置(给定)	中间位置	提升点位置(给定)	终止位置	位置(给定)
	速度(给定,通常为零)		提升点位置(与前一段轨迹连续)		速度(给定,通常为零)
	加速度(给定,通常为零)		速度(与前一段轨迹连续)		加速度(给定,通常为零)
			加速度(与前一段轨迹连续)		
			下方点位置(给定)		
			下方点位置(与前一段轨迹连续)		
			速度(与前一段轨迹连续)		
			加速度(与前一段轨迹连续)		

有限偏差关节路径法是在预规划阶段时,在关节变量空间求得足够多的中间插值点,以保证在关节变量空间驱动的工业机器人偏离预定直线路径的误差在预定极限之内。

二、多种工业机器人手爪夹持形式

工业机器人手爪是实现类似人手功能的工业机器人部件,是重要的执行机构之一。工业机器人手爪夹持形式有以下几种。

1)图 5-24 所示为平行连杆两爪,由平行连杆机构组成。

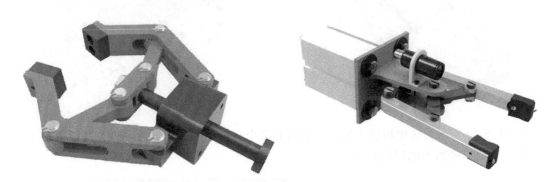

图 5-24 平行连杆两爪

2)图 5-25 所示为三爪外抓手爪,且为外抓方式。

图 5-25 三爪外抓手爪

3）图 5-26 所示为三爪内撑手爪，通过内撑的方式来抓取物体。

4）图 5-27 所示为连杆四爪手爪。

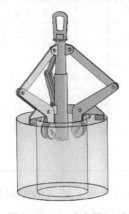

图 5-26 三爪内撑手爪

图 5-27 连杆四爪手爪

5）图 5-28 所示为柔性自适应手爪，可抓取空间几何形状复杂的物体。

6）图 5-29 所示为真空吸盘手爪，利用真空吸盘来抓取物体。

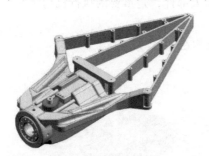

图 5-28 柔性自适应手爪

图 5-29 真空吸盘手爪

7）图 5-30 所示为仿生机械手爪。它是具有多个自由度的多指灵巧手爪，其抓取的工件可以为不规则形或圆形的轻便物体。

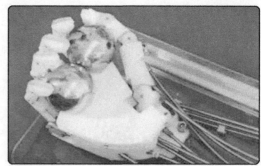

图 5-30 仿生机械手爪

三、工业机器人手爪夹持过程

将一个布尔型变量设置为一个预先定义时间 t 的特定值，经过一段时间 t 后，布尔变量设置为相反的值。

1. 抓取运动范围要求

抓取运动范围是手爪抓取工件时手指张开的最大值与收缩的最小值之间的差值。由于工件的大小、形状、抓取位置不同，为使手爪适合抓取不同规格的工件，手爪的运动范围应有所不同。工作时工件夹紧位置应处于最大值与最小值之间，在工件夹紧后，手指的实际夹紧位置应大于手指收缩后的最小位置，使工件夹紧后夹紧气缸能有一定的预留夹紧行程，保证工件夹紧的可靠性。

2. 工件定位要求

为使手爪能正确抓取工件，保证工件在工业机器人运行过程中与手爪接触的可靠性，工件在手爪中必须有正确、可靠的定位，这需要分析工件的具体结构，确定工件的定位位置及定位方式。工件的定位方式有如下几种。

1）工件以平面定位。工件在手爪中以外形或某个已加工面作为定位平面，定位后工件在手爪中具有确定的位置，为保证工件的定位可靠性，需要限制工件的 5 个自由度。一般大平面限制 3 个自由度，一个侧面限制 2 个自由度，另一侧面限制 1 个自由度。定位元件一般采用支承钉或支承板，并在手爪中以较大距离布置，以减少定位误差、提高定位精度和可靠性。支承钉或支承板与手爪本体的连接多采用销孔 H7/n5 或 H7/r5 过盈配合连接或螺钉固定连接。

2）工件以孔定位。工件在手爪中以某孔中心线作为定位基准，定位元件一般采用心轴或定位销。心轴定位限制 4 个自由度，根据不同要求，心轴可采用间隙配合心轴、锥度心轴、弹性心轴、液塑心轴、自定心心轴等。定位销分为短圆柱定位销、菱形销、圆锥销和长圆柱定位销，分别限制 2 个自由度、1 个自由度、3 个自由度和 4 个自由度。定位销与手爪本体的连接多采用销孔 H7/n5 或 H7/r5 过盈配合连接。

3）工件以外圆表面定位。工件在手爪中以某外圆表面作为定位平面，用安装于手爪本体上的套筒、卡盘或 V 形块定位。采用 V 形块定位时，对中性好，可用于非完整外圆的表面定位。长 V 形块限制 4 个自由度，短 V 形块限制 2 个自由度，套筒、卡盘分别限制 2 个自由度。

3. 工件位置检测要求

工业机器人手爪抓取工件后按照工艺流程和 PLC 程序将执行下一步动作，在执行此动作前，需要告知工件在手爪中的位置是否正确，并将该结果以电信号的形式发送给机床和相关专用设备，以使机床和相关专用设备能提前做好接收工件的准备工作，如松开夹头、清洁定位平面等。工件在手爪中的位置检测一般通过位置传感器确定，传感器可采用接近开关、光电开关等与 PLC 连接，通过 PLC 的控制确定工件的位置。如果工件位置不符合要求，PLC 将不执行下一步工作，以保证手爪和机床等工作设备的安全性和可靠性。

4. 工件清洁要求

工件在手爪中定位时，为保证工件位置的正确性和定位夹紧的可靠性，手爪中工件的定位平面、夹爪的夹紧平面、插销的定位孔、工件的外表面等必须予以清洁处理，去除定位平面、夹紧平面、定位孔、外表面的灰尘或垃圾，从而保证工件在手爪中定位的正确性和夹紧的可靠性。

5. 安全要求

手爪在抓取工件后，通过手爪手指的夹紧力将工件与手爪连接在一起，为保证工件与手爪在工业机器人运行过程中安全可靠，要求工业机器人手爪运行过程中突然断气或断电后，手爪手指仍能夹紧工件，保证工件抓取后运行的可靠性、安全性。这是手爪必须具备的安全功能，是工业机器人手爪的重要性能和参数。

四、工业机器人助力机床上、下料

1）工业机器人上、下料工作站由上、下料工业机器人、数控机床、PLC、控制器、输送线等组成。其具有以下特点。

① 高柔性。只要修改工业机器人的程序和手爪夹具，就可以迅速投产。

② 高效率。可以控制节拍，避免人为因素而降低工作效率，机床利用率可以提升 25%以上。

③ 高质量。工业机器人控制系统规范了整个工件加工过程，从而避免了人工的错误操作，保证了产品的质量。

2）图 5-31 所示为上、下料工业机器人，上、下料工业机器人可以替代人工实现数控机床在加工过程中工件搬运、取件、装卸等作业，以及工件翻转和工序转换，其工作流程如下。

① 当载有待加工工件的托盘输送到上料位置后，工业机器人将工件搬运到数控机床的加工台上。

② 数控机床进行加工。

③ 加工完成，工业机器人将工件搬运到输送线上料位置的托盘上。

④ 上料输送线将载有已加工工件的托盘向装配工作站输送。

由人机界面发布命令，采用两个无线通信模块分别连接 PLC 和小型控制器 DVP，实现信息的交流与控制，PLC 主要控制 CNC 的工件加工，小型控制器 DVP 主要控制伺服系统与上、

图 5-31　上、下料工业机器人

下料工业机器人的协同配合，小车在线自动走位，到达 CNC 工位自动取换料，无需人员操作，为用户减轻负担。以前需要 1 名操作员看守 1 台 CNC，项目导入后，仅需 1 名操作员就可看守 10 台 CNC，节省人力高达 90%，如图 5-32 所示。伺服旋转上、下料输送机将待加工

图 5-32　加工中心上、下料工业机器人系统

工件运送至工业机器人抓取位置，工业机器人通过行走导轨将工件搬运至每台 CNC 进行加工，待加工完成后将工件搬运到伺服旋转上、下料输送机，由操作工人将加工好的工件运至成品区。同时，还可搭配 AGV 无人搬运小车，真正实现无人看守，大幅节省人力。

评价反馈

评价反馈见表 5-6。

表 5-6 评价反馈

基本素养（30 分）				
序号	评估内容	自评	互评	师评
1	纪律（无迟到、早退、旷课）（10 分）			
2	安全规范操作（10 分）			
3	团结协作能力、沟通能力（10 分）			
理论知识（30 分）				
序号	评估内容	自评	互评	师评
1	指令的应用（10 分）			
2	搬运工艺流程（5 分）			
3	I/O 信号的操作（5 分）			
4	搬运工业机器人手爪的认知（5 分）			
5	工业机器人在机床上、下料应用中的认知（5 分）			
技能操作（40 分）				
序号	评估内容	自评	互评	师评
1	搬运轨迹规划（10 分）			
2	程序运行示教（10 分）			
3	程序校验、试运行（10 分）			
4	程序自动运行（10 分）			
综合评价				

练习与思考题

一、填空题

1）变量类型 TOOL 的名称是_____，它的功能是_____。

2）CONST 是常量变量，该变量不能在_____程序中赋值，必须使用_____来赋值。

3）RETAI 是持续性变量，当 RPL 程序从内存中卸载时，变量的值将被_____。

4）三爪内撑手爪，通过_____的方式来抓取物体。

5）心轴定位限制_____个自由度，根据不同要求，心轴可用间隙配合心轴、锥度心轴、弹性心轴、液塑心轴、自定心心轴等。

二、简答题

1）工业机器人抓取运动范围有什么要求？

2）定位销分哪几种？分别限制几个自由度？

3）上、下料工业机器人有什么作用？

4）抓取运动范围的概念和要求是什么？

三、编程题

将旋转供料模块和原料仓储模块安装在工作台指定位置，在工业机器人末端手动安装平口夹爪工具，按照图 5-33 所示摆放 1 个柔轮组件，创建并正确命名例行程序。利用示教器进行现场操作编程，按下启动按钮后，工业机器人自动从工作原点开始执行搬运任务，将柔轮组件从原料仓储模块搬运到旋转供料模块的库位中，完成柔轮组件搬运任务后，工业机器人返回工作原点，搬运完成样例如图 5-34 所示。

图 5-33 柔轮组件初始摆放位置

图 5-34 柔轮组件搬运完成位置

项目六　工业机器人码垛应用编程

学习目标

1. 掌握 WHILE 循环指令、MOD 取余函数、OFFSET 偏置函数。
2. 掌握简单码垛工艺包，能够进行简单码垛作业操作。
3. 掌握工业机器人工作任务要求，编制码垛工业机器人应用程序并根据工艺流程对程序进行调整。

工作任务

一、工作任务的背景

码垛是指将物品整齐、规则地摆放成货垛的作业。它根据物品的性质、形状、重量等因素，结合仓库存储条件，将物品码放成货垛，如图 6-1 所示。

本任务使用工业机器人在传送单元上抓取工件并对其进行码垛操作，此任务需要完成 I/O 配置、程序数据创建、目标点示教、程序编写及调试等。

图 6-1　工业机器人在码垛方面的应用

二、所需要的设备

工业机器人码垛系统涉及的主要设备包括：工业机器人应用领域一体化教学创新平台（BNRT-IRAP-R3）、BN-R3 型工业机器人本体、工业机器人控制器、示教器、气泵、码垛模块、吸盘工具，如图 6-2 所示。

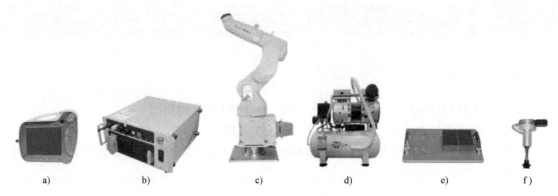

图 6-2　所需要设备

a）示教器　b）控制器　c）BN-R3 型工业机器人本体　d）气泵　e）码垛模块　f）吸盘工具

三、任务描述

将码垛模块安装在工作台指定位置，在工业机器人末端手动安装吸盘工具，按照图 6-3 所示摆放 6 块码垛工件（第 1 层纵向 2 列，第 2 层纵向 2 列，第 3 层纵向 2 列），利用示教器进行现场操作编程，按下启动按钮后，工业机器人自动从工作原点开始执行码垛任务，码垛完成后工业机器人返回工作原点，码垛完成样例如图 6-4 所示（纵向单列 6 层）。

请进行工业机器人相关参数设置和示教编程，完成 6 个工件的码垛任务并备份程序。

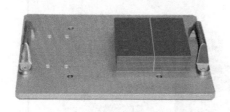

图 6-3　码垛工件摆放位置

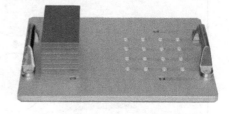

图 6-4　码垛完成样例

实践操作

一、知识储备

1. 指令介绍

（1）WHILE（循环）　如果 while 条件为真，执行下一个代码块。

格式为

WHILE condition DO

...

END_WHILE;

示例如下。

WHILE i<=10DO

i:=i+1;

MLIN(POINTC(200,-500,200,0,180,0),v100,fine,tool1);

MLIN(POINTC(200,-900,200,0,180,0),v100,fine,tool1);

END_WHILE;

本例中,当变量 i 的值大于 10 时,while 循环将停止。当键入 WHILE 指令时,END_WHILE 会自动添加。

(2)MOD(被除数,除数) 给出除法的余数。

示例如下。

i:=MOD(10,3);

本例中变量 i 为 1。

(3)OFFSET(笛卡儿空间点,x,y,z)偏置函数 用于设置笛卡儿空间点分别沿 $x/y/z$ 方向偏移的函数。

示例如下。

point_low:=POINTC(100,200,0,0,0,0);

point_high:=OFFSET(point_low,10,20,30);

本例中 point_high 的值为 (110, 220, 30, 0, 0, 0)。

2. 简单码垛工艺包

本码垛功能为简单码垛,码垛工件形状一致,摆放方向相同,行列分布均匀。简单码垛操作流程分为两大部分:码垛工艺包参数设置和调用码垛工艺包。垛盘坐标系的建立为码垛操作流程,建立以垛盘为基准的用户坐标系。码垛基本信息的设置主要包括码垛物品矩阵的行、列、高信息以及码垛中工业机器人的路径信息的设置。系统会将保存的码垛信息直接生成用户可调用的工业机器人动作指令,方便调用。

编写的码垛执行程序将码垛动作指令嵌入工艺程序中。

(1)码垛工艺包参数设置步骤

1)在码垛首页单击"编辑"按钮,进入编辑第一页。

2)在"1. 码垛盘坐标系设置"选项组中,单击下拉列表框,选择"码垛盘坐标系",并单击"激活"按钮。在"2. 基础设置"选项组中,输入码垛盘工件矩阵的相关信息,完毕后单击"下一步",如图 6-5 所示。

3)先将工业机器人移动至码垛盘中第一层第一个工件的码垛进入点位置,单击"3. 码垛进入点设置"选项组中"记录"按钮。根据路径需要设置"4. 过渡点设置"选项组中生效的点,这些点的位置是相对于工件点的偏移来确定的。设置完毕后单击"下一步"按钮,如图 6-6 所示。

4)示教点 P1 为码垛第一层的第一个工件放置点,位于工件矩阵第一层的第一行、第一列,将工业机器人移动至该工件放置点后,单击"记录"按钮进行示教,如图 6-7 所示,实物中的码垛点如图 6-8 所示。

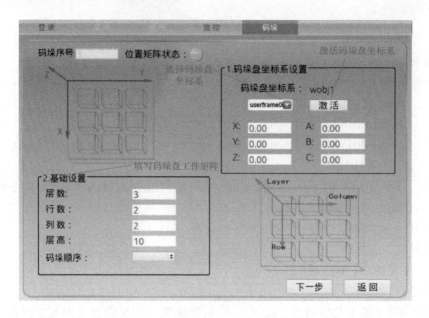

图 6-5　激活码垛设置

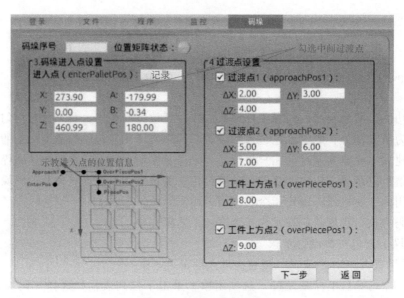

图 6-6　设置码垛参数

5）选取下一示教点 P2，P2 为第一行最后一个工件放置点，将工业机器人移动至该工件放置点后，单击"记录"按钮进行示教，示教进入点的位置信息勾选中间过渡点，选择示教点单击进行示教。

6）选取下一示教点 P3，P3 为第一列最后一个工件放置点，将工业机器人移动至该工件放置点后，单击"记录"按钮进行示教。

7）选取下一示教点 P4，P4 为第二层中位于 P1 正上方的工件放置点，将工业机器人移动至该工件放置点后，单击"记录"按钮进行示教。

8）单击"计算/保存"按钮完成码垛工艺包参数设置。

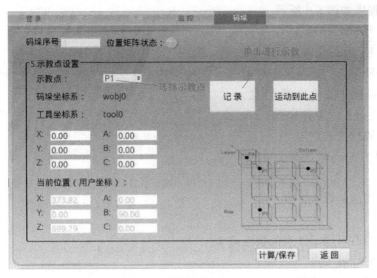

图 6-7　记录码垛第一点

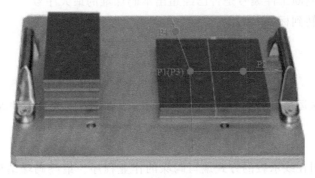

图 6-8　记录码垛点

（2）调用码垛工艺包　常用码垛指令介绍如下。

1）码垛函数。pallet. update（int palletID，int palletMethod，int piecesid）。

2）参数说明。

floorID：码垛盘编号。

palletMethod：0 为码垛，1 为取垛。

piecesid：工件的 ID，具体为（列号−1）+（行号−1）×每行列数。

功能：用于更新当前工件点的位置信息。

3）常用变量见表 6-1。

表 6-1　常用变量

变量名	说明	变量名	说明
pallet. enterPalletPos	码垛的进入点	pallet. overPiecePos2	当前工件点的上方点 2
pallet. approachPos1	当前工件点的接近点 1	pallet. piecePos	当前工件点
pallet. approachPos2	当前工件点的接近点 2	pallet. maxPieces	当前码垛盘中的工件点的数量
pallet. overPiecePos1	当前工件点的上方点 1	pallet. maxPallets	有效码垛盘的数量

135

码垛示例程序如图 6-9 所示。

① 工件编号 pieceid 为 1。

② 设置标签"aaa"。

③ 更新 1 号垛盘，码垛操作时工件编号为 pieceid 的相关位置信息，包括接近点、上方点、工件位置。

④ 移动到码垛进入点。

⑤ 移动到当前码垛工件点的接近点 1。

⑥ 移动到当前码垛工件点。

⑦ 等待 5s。

⑧ 移动到当前码垛工件点的接近点 1。

⑨ 移动到码垛进入点。

⑩ 工件编号 pieceid 加 1。

⑪ 开始判断，判断工件编号是否已经超出本码垛堆的最大序号。

⑫ 判断成立，转到标签 aaa。

⑬ 结束判断。

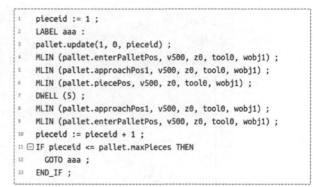

```
1   pieceid := 1 ;
2   LABEL aaa :
3   pallet.update(1, 0, pieceid) ;
4   MLIN (pallet.enterPalletPos, v500, z0, tool0, wobj1) ;
5   MLIN (pallet.approachPos1, v500, z0, tool0, wobj1) ;
6   MLIN (pallet.piecePos, v500, z0, tool0, wobj1) ;
7   DWELL (5) ;
8   MLIN (pallet.approachPos1, v500, z0, tool0, wobj1) ;
9   MLIN (pallet.enterPalletPos, v500, z0, tool0, wobj1) ;
10  pieceid := pieceid + 1 ;
11  IF pieceid <= pallet.maxPieces THEN
12     GOTO aaa ;
13  END_IF ;
```

图 6-9 码垛示例程序

二、任务实施

工业机器人码垛运动可分解为抓取工件、判断摆放位置、放置工件等一系列子任务，如图 6-10 所示。

1. 运动轨迹规划

码垛任务。采用在线示教的方式编写码垛的作业程序，最终码垛结果为 6 层码垛工件。本任务以码垛 6 个工件为例，每个工件规划了 6 个程序点，每个程序点的用途见表 6-2，码垛运动轨迹如图 6-11 所示。

136

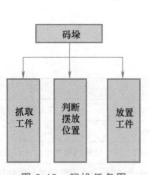

图 6-10 码垛任务图

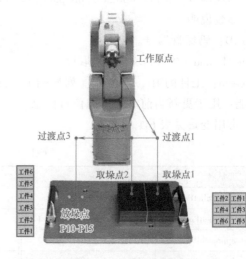

图 6-11 码垛运动轨迹图

表 6-2　程序点说明

程序点	说明	程序点	说明
工作原点	Home 点	过渡点 1	取垛点 1 正上方
取垛点 1	P1（工件 1 的取垛点）	过渡点 2	取垛点 2 正上方
取垛点 2	P1 点的偏移点	过渡点 3	放垛点正上方
放垛点	P2		

2. 手动安装吸盘工具

示教前准备 I/O 监控。

1）I/O 监控功能包括对本地 I/O 模块、远程 I/O 模块的监控界面，两种模块均分为数字信号和模拟信号两种信号监控。

2）打开本地 I/O 监控界面。单击"监控"，在菜单中选择"IO"命令，如图 6-12 所示。

图 6-12　选择"I/O"界面

3）查看本地 I/O 模块信号的输入输出情况。

4）I/O 监控功能内的默认界面为数字信号的监控界面，包括本地 I/O 和扩展 I/O。

5）本地数字信号可以强制输出信号。

6）根据表 6-3 的参数配置 I/O 信号。

表 6-3　I/O 信号参数

I/O 外部接口	功能说明
10	吸盘（1 吸，0 放）
13	快换固定

手动安装吸盘如图 6-13 所示。

3. 示教编程

（1）设置参数　在示教过程中，需要在一定的坐标模式、运动模式和运动速度下，手动控制工业机器人到达指定的位置。因此，在示教运动指令前，需要选定坐标模式、运动模式和运动速度。

（2）工具坐标系设置 以被码垛工件为对象选取一个接触尖点，同时选取吸盘的一个接触尖点，测试吸盘的 TCP（默认方向）和姿态，建立吸盘工具坐标系 tool6。

（3）用户坐标系设置 以码垛平台为对象，建立用户坐标系 wobj3，同时选取吸盘一个接触尖点，测试基坐标系。

（4）建立程序

1）码垛方法一，BN-R3 型工业机器人码垛模块的示教编程的步骤见表 6-4。

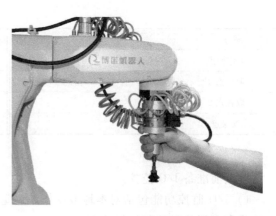

图 6-13 手动安装吸盘

表 6-4 码垛模块的示教编程

操作步骤及说明	示意图
1）登录示教器。在"登录密码"文本框内输入"999999"，单击"登录"按钮	
2）新建文件夹。新建文件并命名为"STACKING"后自动跳转至程序界面	

（续）

操作步骤及说明	示意图
3）程序文件夹。建立文件夹后自动跳转出程序界面	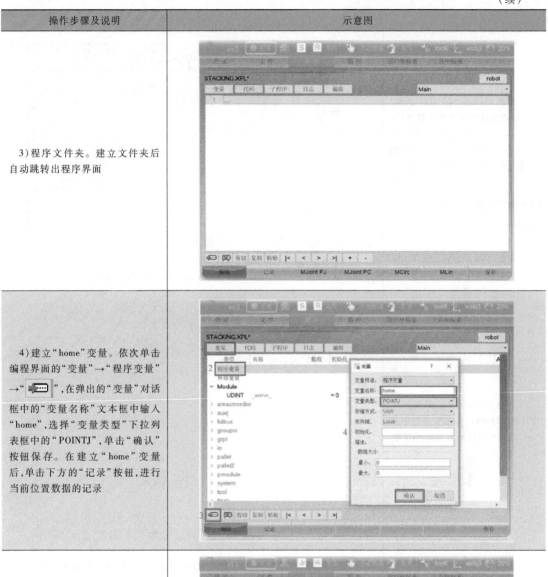
4）建立"home"变量。依次单击编程界面的"变量"→"程序变量"→""，在弹出的"变量"对话框中的"变量名称"文本框中输入"home"，选择"变量类型"下拉列表框中的"POINTJ"，单击"确认"按钮保存。在建立"home"变量后，单击下方的"记录"按钮，进行当前位置数据的记录	
5）添加 MJOINT 指令。单击编程界面的"代码"按钮，进入程序界面，单击下方的"MJoint PJ"按钮，完成 MJOINT 运动指令的添加	

（续）

操作步骤及说明	示意图
6）更换程序行"1"中的变量。选中需要更换变量所在的程序行，单击"编辑"按钮，自动跳出②界面，选中"POINTJ"，单击"变量"列表框中的"home"，单击"　＜＜　"按钮就可将"POINTJ"更换为"home"，最后单击"确认"按钮	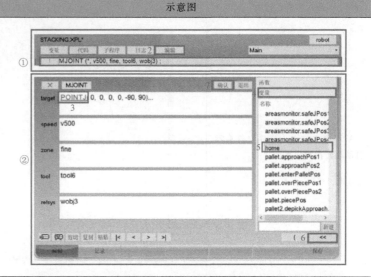
7）更换为"home"变量后的程序。将"MJOINT"所在程序行中的"*"变量成功更换为"home"变量	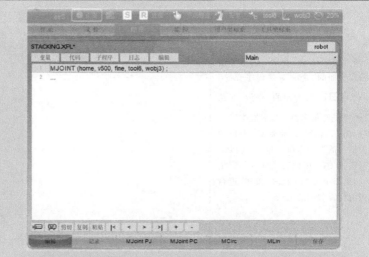
8）吸盘 I/O 口。吸盘的状态由工业机器人的第 10 个 I/O 口控制，它的物理地址为 DO10，当其值为"TRUE"时，产生负压，其值为"FALSE"时，关闭气路，工作开始时需要保证吸盘为关闭状态	

(续)

操作步骤及说明	示意图
9)关闭吸盘。在程序界面中选中所要编写的程序行,单击"编辑"按钮,选中右侧"通用"列表框中的" := ",接着单击" << "按钮,就会出现"dest"和"expr"	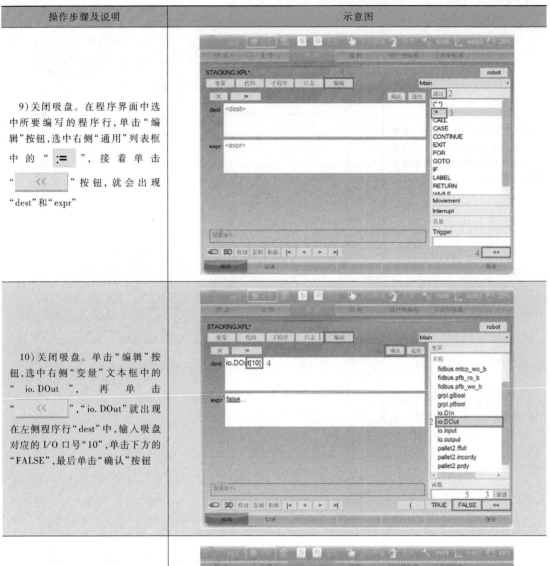
10)关闭吸盘。单击"编辑"按钮,选中右侧"变量"文本框中的" io. DOut ",再单击" << "," io. DOut"就出现在左侧程序行"dest"中,输入吸盘对应的I/O口号"10",单击下方的"FALSE",最后单击"确认"按钮	
11)关闭吸盘。程序行"2"就是建立好的"io. DOut"吸盘关闭程序	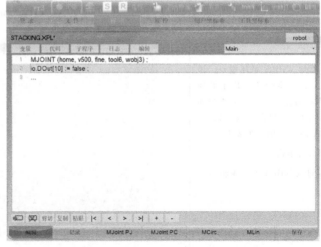

（续）

操作步骤及说明	示意图
12）建立整型变量。新建一个整型变量"DINT"并命名为"n"，用来记录循环次数，循环次数由码垛工件的个数决定	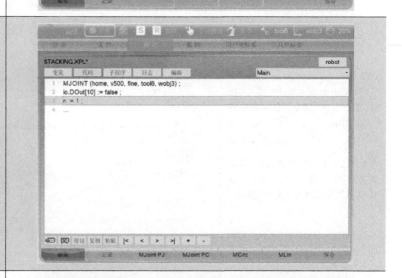
13）整型变量赋值。对整型变量"n"进行初始赋值，赋值为"1"	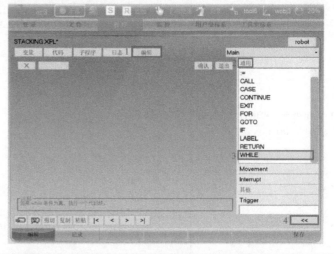
14）添加 WHILE 循环指令。添加循环指令"WHILE"，用于循环执行码垛动作。首先选中要添加程序的空白行，单击"编辑"按钮，选中右侧"通用"列表框中的"WHILE"，单击"　＜＜　"按钮就可进入 WHILE 指令编辑界面	

（续）

操作步骤及说明	示意图
15）添加 WHILE 循环指令。单击程序行"cond"中的"<cond>"，然后选择"变量"列表框中的整型变量"n"，单击" << "按钮，"n"随即进入左侧程序行"cond"中	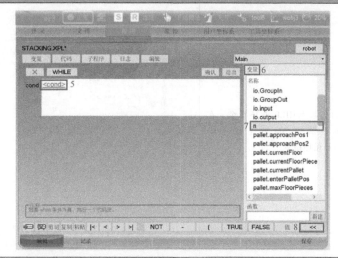
16）添加 WHILE 循环指令。单击"n"右侧的三个红色感叹号，右侧随即出现一系列数学运算符号，单击" <= "按钮，符号立即在"n"的后面出现	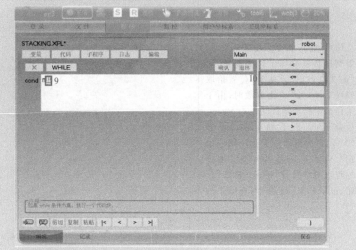
17）添加 WHILE 循环指令。单击" <= "右侧的三个红色感叹号，然后单击下方的"值"按钮，在弹出的键盘中输入"6"（本任务共有 6 块码垛工件，故需循环 6 次），单击" ✓ "按钮进行确认，最后单击"确认"按钮，就可完成WHILE 循环指令的添加	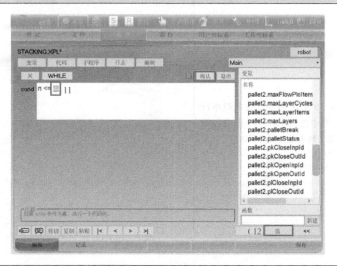

143

（续）

操作步骤及说明	示意图
18）添加 WHILE 循环指令。在程序界面中，编辑完成后的 WHILE 循环指令	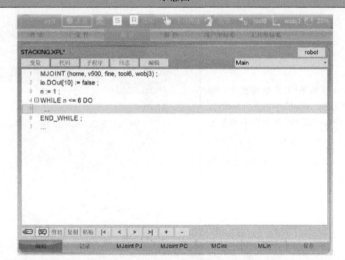
19）添加 IF 指令。循环开始时，需判断待取码垛工件的位置，当"n"为奇数时，需从 P1 位置拾取码垛工件，当"n"为偶数时，由于本任务中码垛工件间距为 50mm，故需从 P1 沿 Y 轴正方向偏移 50mm，到达相邻取垛点。用取余指令判断"n"的奇偶性，选中要添加程序的空白行，单击"编辑"按钮，选中右侧"通用"列表框中的"IF"	
20）添加 IF 指令。选中程序行"cond"中的"<cond>"，选中右侧"函数"列表框中的"MOD"，单击" << "按钮	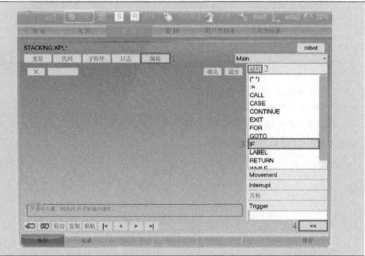

（续）

操作步骤及说明	示意图
21）添加 IF 指令。选中程序行"cond"中的"<val>"，选中右侧"变量"列表框中的"n"，单击" << "按钮，"n"即可进入到"MOD"所在程序行	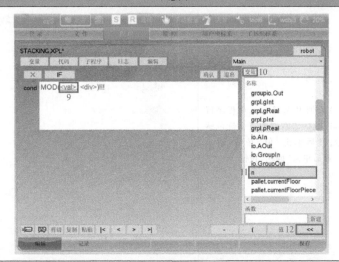
22）添加 IF 指令。"MOD"为取余函数，令"n"对 2 取余数，当余数为 1 时，"n"为奇数，余数为 0 时，"n"为偶数。选中程序行"cond"中的"<div>"，然后单击"值"按钮，输入数值"2"	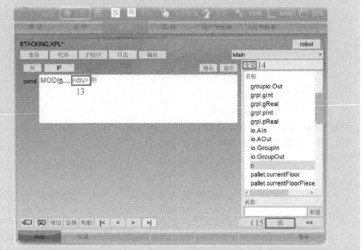
23）添加 IF 指令。单击程序行"cond"中的三个红色感叹号，单击右侧"="按钮，即可进入左侧程序行"cond"中	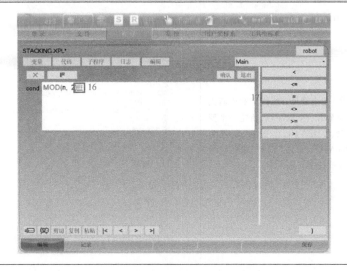

（续）

操作步骤及说明	示意图
24）添加 IF 指令。选中程序行"cond"中"="右侧的三个红色感叹号，然后单击"值"按钮，输入"1"，最后单击"确认"按钮	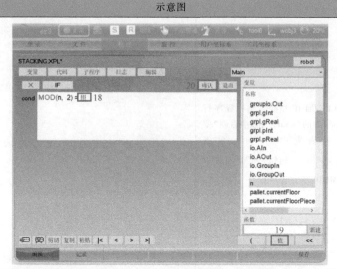
25）添加"IF"指令。添加成功的"IF"指令以及"MOD"取余函数，可进行奇偶判断，当"n"为奇数时执行"IF"下的操作，否则执行"ELSE"	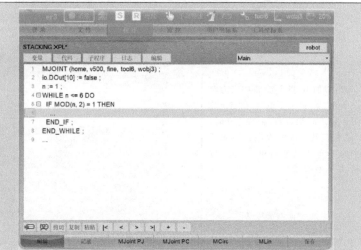
26）建立变量。操作工业机器人运动至第一个取垛点，新建一个变量命名为"P1"，变量类型为"POINTC"，单击"记录"按钮记录此处的位姿	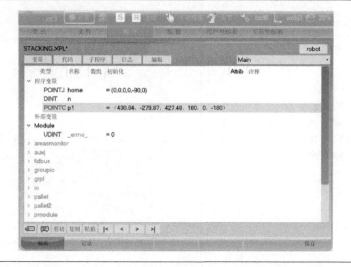

（续）

操作步骤及说明	示意图
27）添加 OFFSET 偏移指令。工业机器人首先需移动至 P1 点正上方 100mm 处准备取垛。添加一个 MLIN 指令，在程序行"target"处选中"POINTC"，单击右侧"函数"列表框中的"OFFSET"，再单击"<<"按钮，"OFFSET"即可替换程序行"target"处选中的"POINTC"	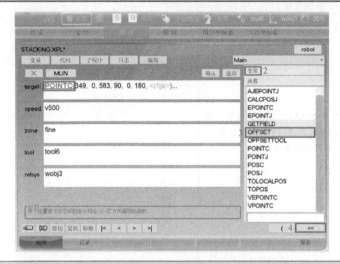
28）添加 OFFSET 偏移指令。选中程序行"target"中的<pt>，单击右侧"变量"列表框中的"p1"，再单击"<<"按钮	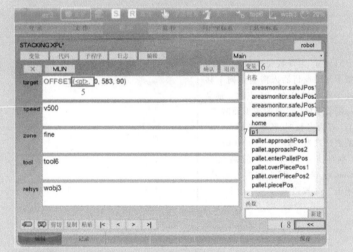
29）添加 OFFSET 偏移指令。程序行"target""OFFSET"右侧的三个数值为"x""y""z"所需的偏移量。令其沿 P1 点 Z 轴正方向偏移 100mm	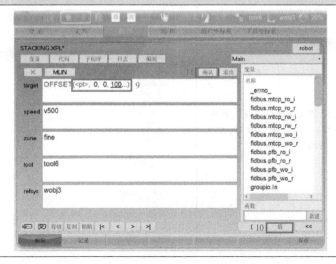

147

（续）

操作步骤及说明	示意图
30）添加 OFFSET 偏移指令。建立在"p1"位置"z"方向上偏移 100mm 的完整偏移指令	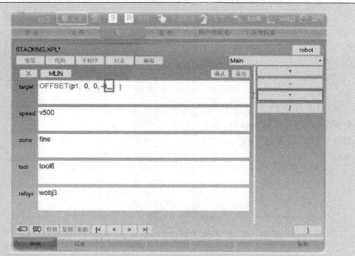
31）"n"为奇数时取垛点程序。接下来工业机器人需垂直向下移动至取垛点 P1 处，P1 点的 z 轴坐标随着变量"n"值的减少而减少，当"n"为奇数时，Z 轴坐标与"n"的表达式为"$<z>=-8*(n-1)/2$"（本任务中码垛工件的高度为 8mm），选中"-8"右侧的省略号，单击"＊"按钮	
32）"n"为奇数时取垛点程序。选中"＊"右侧的感叹号，输入"$(n-1)/2$"	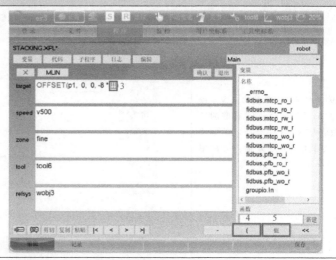

（续）

操作步骤及说明	示意图
33）"n"为奇数时取垛点程序。单击"确认"按钮，完成取垛点程序	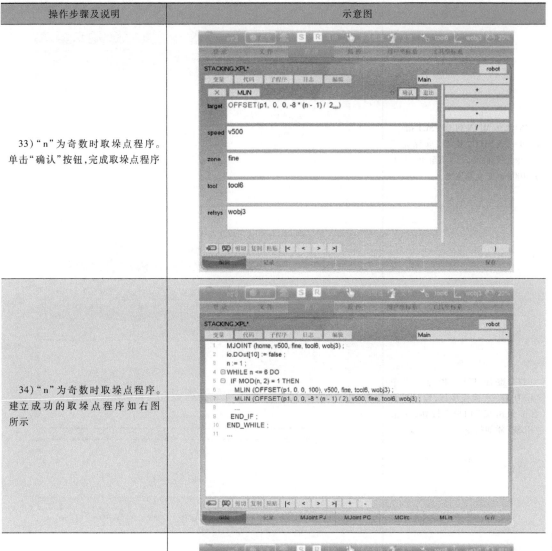
34）"n"为奇数时取垛点程序。建立成功的取垛点程序如右图所示	
35）打开吸盘。当工业机器人到达取垛点时，令 DO10 的值为"TRUE"，即产生负压，拾取码垛工件	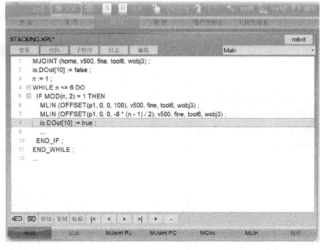

149

（续）

操作步骤及说明	示意图
36）添加 MLIN 和 OFFSET 指令。添加一条 MLIN 指令，取垛完成后，令工业机器人运动至 P1 点上方 100mm 安全高度处	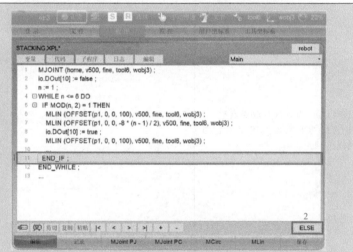
37）添加 ELSE 指令。选中"END_IF"所在程序行，编程界面右下角出现"ELSE"按钮，单击"ELSE"添加指令	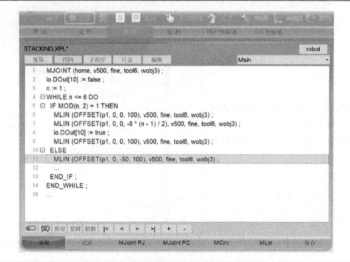
38）"n"为偶数时取垛点程序。若"n"为偶数时，工业机器人运动至相邻码垛点正上方准备取垛，添加一条 MLIN 指令	

（续）

操作步骤及说明	示意图
39）"n"为偶数时取垛点程序。当"n"为偶数时，添加一条 MLIN 指令，令工业机器人垂直移动至相邻垛堆的取垛点，该点的 Z 轴坐标随"n"值的增加而减少，其关系式为"$<z> = -8 * (n/2-1)$"，Y 轴方向上与 P1 的间距为 50mm	
40）"n"为偶数时取垛点程序。控制吸盘工具产生负压吸取码垛工件	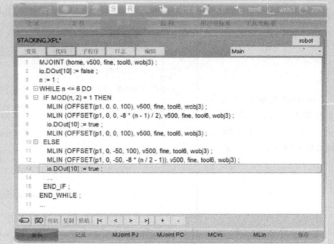
41）"n"为偶数时取垛点程序。添加一条 MLIN 指令，令工业机器人垂直向上移动至相邻垛堆取垛点上方 100mm 安全高度处	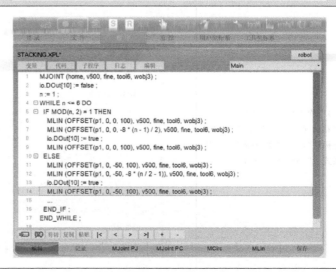

（续）

操作步骤及说明	示意图
42）建立放垛"p2"变量。将工业机器人移动至放垛点，新建一个变量"POINTC"，命名为"p2"并记录	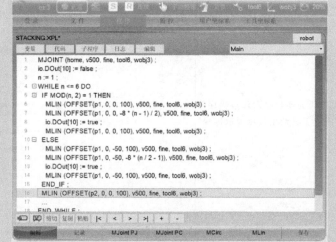
43）添加 MLIN 和 OFFSET 指令。当工业机器人从取垛点拾取码垛工件后，需要移动至放垛点 P2 处，Z 轴正方向 100mm 处	
44）放垛点程序。工业机器人需垂直移动至放垛点 P2，P2 点的 Z 轴坐标随"n"值的增加而增加，其关系式为"$<z>=8*(n-1)$"	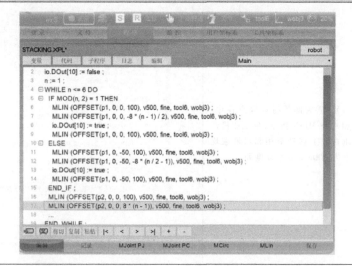

（续）

操作步骤及说明	示意图
45）关闭吸盘。控制吸盘工具关闭气路，放置码垛工件	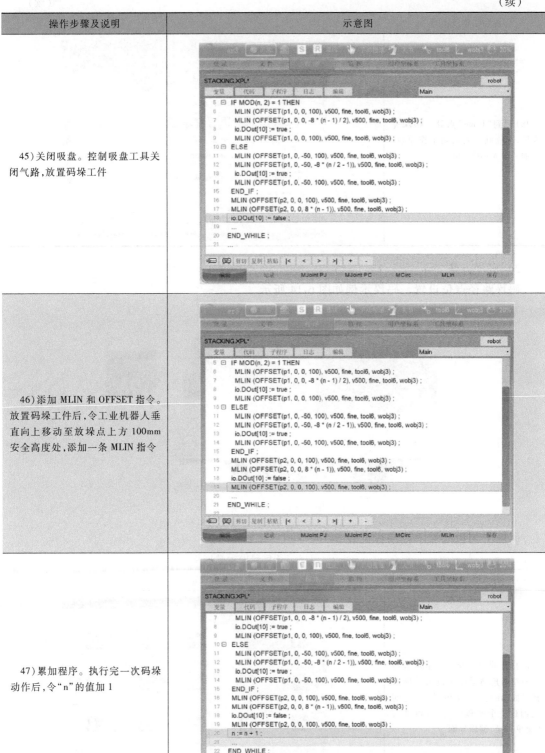
46）添加 MLIN 和 OFFSET 指令。放置码垛工件后，令工业机器人垂直向上移动至放垛点上方 100mm 安全高度处，添加一条 MLIN 指令	
47）累加程序。执行完一次码垛动作后，令"n"的值加 1	

（续）

操作步骤及说明	示意图
48）回到"home"点处。码垛完成后，工业机器人回到工作原点。添加一条 MJOINT 指令	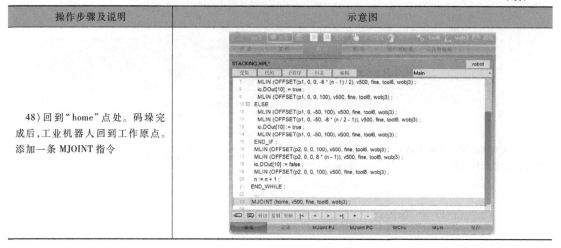

2）码垛方法二。

码垛路径点位设置。码垛示例如图 6-14 所示。

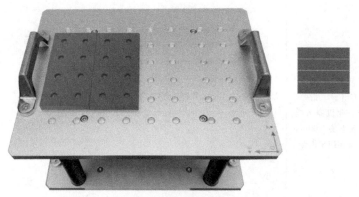

图 6-14　码垛示例

码垛工艺包码垛示教编程见表 6-5。

表 6-5　码垛工艺包码垛示教编程

操作步骤及说明	示意图
1）打开简单码垛。单击示教器界面左上角博诺图标进入功能选择界面，在使用"简单码垛"之前先创建一个空程序，然后再进入"简单码垛"编辑界面	

（续）

操作步骤及说明	示意图
2）设置码垛序号。在进入"简单码垛"编辑界面后，先选择"码垛序号"，可以按住伺服键看当前矩阵的位置，然后单击"编辑"进入简单码垛的设置	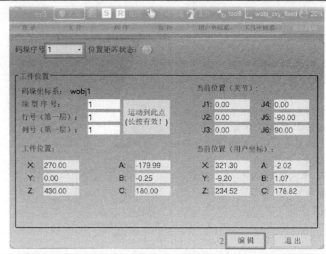
3）激活码垛盘坐标系。在"码垛盘坐标系"下拉列表框中单击"wobj_cvy_fixed"坐标系，再单击"激活"按钮。设置码垛的"层数""行数""列数""层高"，然后单击"下一步"按钮	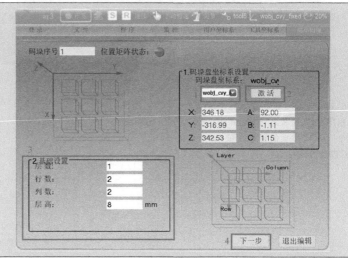
4）设置过渡点和码垛上方点。进入点选择一个安全点，然后单击"记录"按钮。过渡点1为进入点到工件上方的第一停顿点；过渡点2为进入点到工件上方的第二停顿点。工件上方点1为进入工件点间的第一个位于工件点正上方的点；工件上方点2为进入工件点间的第二个位于工件点正上方的点	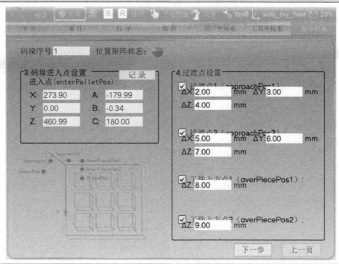

（续）

操作步骤及说明	示意图
5）设置过渡点和码垛上方点。第一点 P1 为码垛起始位置，工序号为 1 的位置；第二点 P2 为第一行最后一个，列方向结束点位置，姿态与 P1 相同。如果只有一列，P2 不用记录；第三点 P3 为最后一行第一个，行方向结束位置，姿态与 P1 相同。如果只有一行，P3 与 P1 重合；第四点 P4 为 P1 点上方点，为最高层的起始位置点；可以按照图示来定点	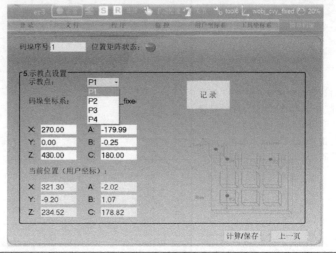
6）建立变量。首先建立一个新的程序文件，命名为"MD"，并建立两个"DINT"类型的程序变量"a""n"以及"home"点	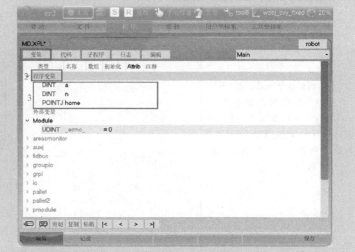
7）建立"home"点。建立"home"点程序	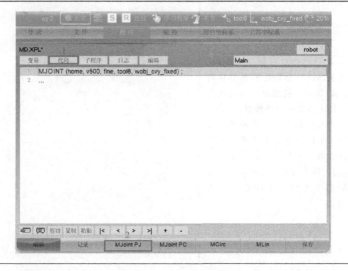

（续）

操作步骤及说明	示意图
8）建立"DINT"变量。"DINT"变量"a""n"的初始赋值为1	
9）添加WHILE循环函数。调用"WHILE"循环函数，依次单击"编辑"→"通用"→"WHILE"→"<<"，"WHILE"函数即可添加成功	
10）添加循环条件。输入循环条件"a<＝4"，其中值4表示一层物料的个数	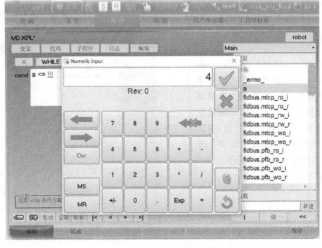

（续）

操作步骤及说明	示意图
11）添加循环函数。添加成功后的"WHILE"循环函数	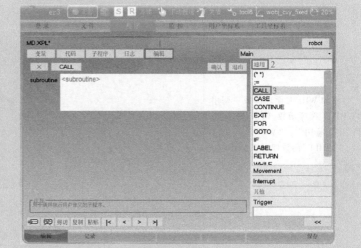
12）调用子程序。然后使用"call"调用指令调用 paller. update（）函数，依次单击"编辑"→"通用"→"CALL"	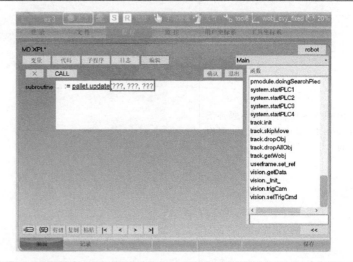
13）paller. update（）函数。paller. update（）函数的括号内需要填写三项数据，第一项数据为需要调用的码垛工艺序号。第二项数据值为 0 时，从工件号 1 开始，逐次增加，值为 1 时，从最大工件号开始，逐次减小，一般不使用 1。第三项数据为工件号	

（续）

操作步骤及说明	示意图
14）完整的 paller. update（ ）函数建立成功	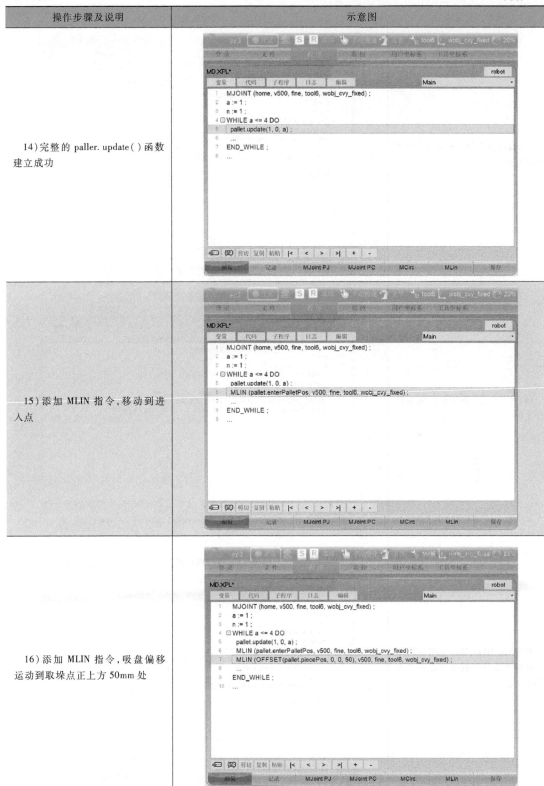
15）添加 MLIN 指令，移动到进入点	
16）添加 MLIN 指令，吸盘偏移运动到取垛点正上方 50mm 处	

（续）

操作步骤及说明	示意图
17）取垛点程序，运动到码垛工件吸取点	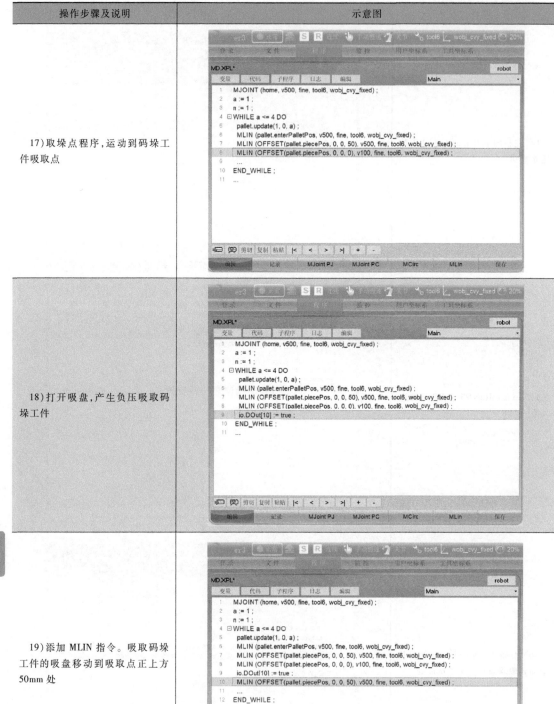
18）打开吸盘，产生负压吸取码垛工件	
19）添加 MLIN 指令。吸取码垛工件的吸盘移动到吸取点正上方 50mm 处	

160

（续）

操作步骤及说明	示意图
20）建立变量点，建立放置码垛工件的变量点	
21）添加 MLIN 指令，吸盘偏移到放垛点上方 90mm 处	
22）吸盘偏移到放垛点处	

（续）

操作步骤及说明	示意图
23）关闭吸盘，释放码垛工件	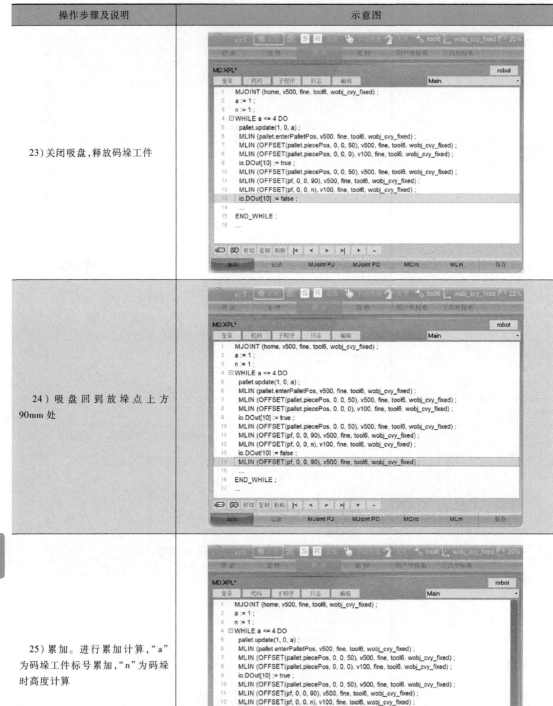
24）吸盘回到放垛点上方90mm处	
25）累加。进行累加计算，"a"为码垛工件标号累加，"n"为码垛时高度计算	

（续）

操作步骤及说明	示意图
26）吸盘回到"home"点处	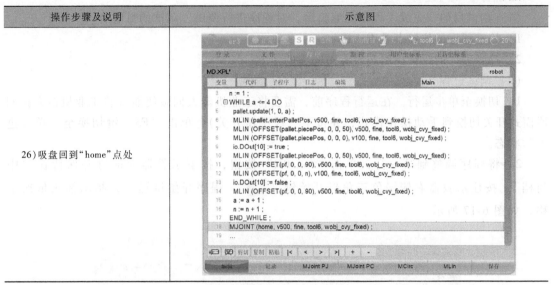

（5）多层码垛 与一层码垛程序不同的是，多层码垛要先从最后一个码垛工件开始吸取，可以选择将 a 递减，也可以将 paller. update（）函数的第二项数据改为 1，然后将 a 递增，如图 6-15 所示。

（6）解垛 先创建两个 DINT 量，然后循环次数为要解垛数量，更新配置信息，如图 6-16 所示。先移动到物料的抓取点（为垛的最上方点）上方，再移动到抓取点抓取物料，然后回到物料抓取点上方，移动到工件位置点上方，再移动到工件点，放开物料，回到工件点上方，进入下一个循环。

m 减的数值为工件厚度。

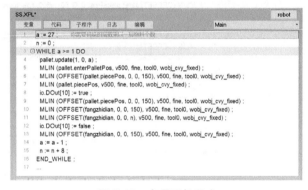

图 6-15 多层码垛程序

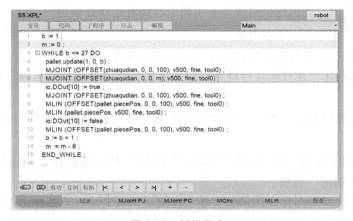

图 6-16 解垛程序

4. 程序调试与运行

（1）调试目的　完成了程序的编辑后，对程序进行调试，调试的目的有以下两个。

1）检查程序的位置点是否正确。

2）检查程序的逻辑控制是否有不完善的地方。

（2）调试过程

1）切换至单步运行。在运行程序前，需要将工业机器人伺服使能（将工业机器人控制器模式开关切换到手动操作模式，并按下三段手压开关），单击"F3"键切换至"单步进入"状态。

2）将程序调整到第一行，单击"Set PC"按钮，按下示教器使能键并保持在"中间档"，按住示教器右侧绿色三角形开始键" "，程序开始试运行，指示箭头依次下移，如图 6-17 所示。

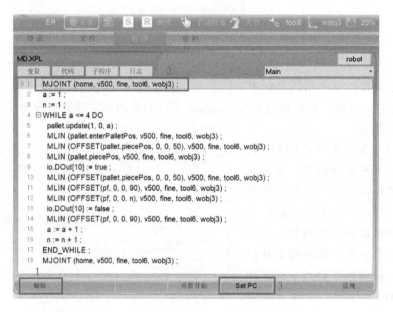

图 6-17　调试程序

运行程序过程中，若出现报错或工业机器人与即将工作处接触时，应该及时按下示教器上的急停开关，防止工业机器人损坏。

当单步点动运行完所有程序后且程序无误，即完成程序调试。

3）自动运行程序。经过试运行确保程序无误后，就可进行自动运行，自动运行程序操作步骤如下。

① 在程序运行界面中，单击"重新开始"按钮，选中程序行"1"，再单击"SetPC"按钮。

② 手动将示教器上方"模式旋钮"调至"AUTO"档，可选择"当前行运行"或"首行运行"，单击"确定"按钮。

③ 按下"控制柜"后方"SERVO"键，使其由闪烁状态变为常亮状态。

④ 按下示教器下方"PWR"伺服上电键，按下"开始"键，程序即可自动运行。

知识拓展

一、码垛机器人存在的问题

1. 码垛能力

码垛机器人的工作能力与其机械结构、工作空间、灵活性有关，笨重复杂的机械结构必然导致工业机器人活动空间和灵活性能大大下降。目前，国内外码垛机器人多采用两个并联平行四边形机构控制腕部摆动的关节型机器人，这样代替了腕部电动机，减少了一个关节的控制。同时平行四边形机构起到平衡作用，但工业机器人前大臂、后大臂以及小臂构成的平行四边形限制了末端执行器工作空间的提高，而且平行四边形机构也增加了工业机器人本体结构的复杂性和重量，降低了工业机器人运动的灵活性，必然会影响工作效率。

解决方案为采用优化设计的模块化、可重构化机械结构。取消并联平行四边形的机构形式，采用集成式模块化关节驱动系统，将伺服电动机、减速器、检测系统三位一体化，简化工业机器人本体结构。探索新的高强度轻质材料或复合材料，进一步提高工业机器人的结构强度、负载和自重比。重视产品零部件和辅助材料质量，如轴承和润滑油，努力提高零部件及配套件的设计、制造精度，从而提高工业机器人整体运动动作的精准性、可靠性。开发多功能末端执行器，不需更换零部件，便可实现对箱类、盒类、袋类、桶类包装件以及托盘的操作。将工业机器人本体安装在滑轨上，可进一步提高工业机器人的工作空间。

2. 码垛可靠性和稳定性

相比焊接、装配等作业的复杂性，码垛机器人只需完成抓取、码放等相对简单的工作，因此，码垛机器人的可靠性、稳定性相比其他类型的机器人要低。由于工业生产速度高，而且抓取、搬运、码放动作不断重复，因此要求码垛机器人具有较高的运动平稳性和重复精度，以确保不会产生过大的累积误差。

解决方案为研究开放式、模块化控制系统，重点是基于 PC 的开放型控制器，实现工业机器人控制的标准化、网络化。开发模块化、层次化、网络化的开放型控制器软件体系，提高在线编程的可操作性，重点研究离线编程的实用化，实现工业机器人的监控、故障诊断、安全维护以及网络通信等功能，从而提高工业机器人工作的可靠性和稳定性。

二、工业机器人在物流系统中的应用

随着科技的发展，工业机器人技术在物流作业过程中发挥着越来越重要的作用，已成为引领现代物流业发展趋势的重要因素之一。目前，工业机器人技术在物流中的应用主要集中在包装分拣、装卸搬运和无人机送货三个作业环节。

1. 工业机器人技术在包装分拣作业中的应用

在传统企业中，带有高度重复性和智能性的包装工作一般依靠大量的人工完成，不仅给工厂增加了巨大的人工成本和管理成本，还难以保证包装的合格率，且人工的介入很容易给食品、医药带来污染，影响产品质量。因此，工业机器人技术在包装领域得到了很大的发展，尤其是在食品、烟草和医药等行业，大多数生产线已实现了高度自动化，其包装作业基本实现了工业机器人化作业。工业机器人作业精度高、柔性好、效率高，克服了传统的机械式包装占地面积大、程序更改复杂、耗电量大等缺点，同时避免采用人工包装造成的劳动量

大、工时多、无法保证包装质量等问题。拣选生产线如图 6-18 所示，拣选作业由并联机器人同时完成定位、节选、抓取、移动等动作。如果物品的品种多、形状各异，工业机器人需要安装图像识别系统和多功能机械手。工业机器人每到一种物品托盘前就可根据图像识别系统来判断物品形状，采用与之相应的机械手抓取，然后放到搭配托盘上。

图 6-18　拣选生产线

2. 工业机器人技术在装卸搬运中的应用

装卸搬运是物流系统中最基本的功能要素之一，它存在于货物运输、储存、包装、流通加工和配送等过程中，贯穿物流作业的全程。目前，工业机器人技术正在越来越多地应用于物流装卸搬运作业中，大大提高了物流系统的效率和效益。搬运机器人的出现不仅可以充分利用工作环境的空间，大大节约装卸搬运过程中的作业时间，提高装卸效率，还减轻了人类繁重的体力劳动。目前已被广泛应用于工厂内部工序间的搬运、制造系统和物流系统连续的运转以及国际化大型港口的集装箱自动搬运。尤其随着传感技术和信息技术的发展，无人搬运车（Automated Guided Vehicle，AGV）也在向智能化方向发展，如图 6-19 所示。作为一种无人驾驶工业搬运车辆，近年来无人搬运车获得了巨大的发展与应用，开始进入智能时代，因此也称 AGV 为智能搬运车。随着物联网技术的应用，在全自动化智能物流中心，AGV 作为物联网的重要组成部分，成为智能化的物流机器人，与物流系统的物联网协同作业，实现智慧物流。

图 6-19　无人搬运车

三、工业机器人技术在无人机送货中的应用

无人机送货在国外已经形成了较为完善的操作模式，以美国亚马逊公司为例，如图 6-20 所示，该公司无人机投递试运行模式采用"配送车+无人机"，该模式主要是无人机负责物流配送的"最后一公里"。配送车离开仓库后，只需在主干道上行走，在每个分支路口停车，并派出无人机进行配送，完成配送之后无人机会自动返回配送车等待执行下一个任务。国内顺丰快递在借鉴美国模式的同时也根据我国自身的国情现状进行了调整，具体过程如下。

1）快递员将快件放置在无人机的机舱中，然后将无人机放在起飞位置上。

2）快递员用顺丰配备的"巴枪"扫描无人机上的二维码，确认航班信息。

3）无人机校对无误后自动起飞，与此同时，无人机调度中心通知接收站的快递员做好无人机降落的准备。

4）无人机在接收点降落后，快递员将快件从机舱内取出，用"巴枪"扫描，确认航班到达。

5）无人机完成一次物流配送后，将自动返航。

顺丰快递的这一举措不仅让我们跟上了国际物流的步伐，同时不盲目跟随他人，学会了因地制宜，抓住机会，开创了国内物流新局面。"无人机"的投入使用对于物流行业将是一

图 6-20　无人机送货

次巨大的变革。

评价反馈

评价反馈见表 6-6。

表 6-6　评价反馈

基本素养（30分）				
序号	评估内容	自评	互评	师评
1	纪律（无迟到、早退、旷课）(10分)			
2	安全规范操作（10分）			
3	团结协作能力、沟通能力（10分）			
理论知识（30分）				
序号	评估内容	自评	互评	师评
1	WHILE 循环指令，赋值指令的应用（5分）			
2	码垛工艺流程（5分）			
3	I/O 单元和 I/O 信号的配置（5分）			
4	对码垛能力有限解决方案的认知（5分）			
5	对码垛可靠性和稳定性的认知（5分）			
6	对码垛机器人在物流系统应用的认知（5分）			
技能操作（10分）				
序号	评估内容	自评	互评	师评
1	码垛轨迹规划（10分）			
2	示教运行（10分）			
3	程序校验、调试、试运行（10分）			
4	程序自动运行（10分）			
综合评价				

167

练习与思考题

一、填空题

1）语言设置用于切换界面显示语言，目前提供_____、_____和_____三种语言。

2）IF 条件为____，则执行 IF 后的指令语句；否则执行 ELSE 后的指令语句。

3）简单码垛操作流程分为两大部分：_____和_____。

4）工业机器人码垛运动可分解为_____、_____、_____等一系列子任务。

5）_____指令用于设置笛卡儿空间的点分别沿 X、Y、Z 方向偏移的函数。

二、简答题

简述示教前 I/O 监控的准备。

三、编程题

将码垛模块安装在工作台指定位置，在工业机器人末端手动安装吸盘工具，按照图 6-21 所示摆放 6 个工件，创建并正确命名程序，利用示教器进行现场操作编程，按下启动键后，工业机器人自动从工作原点开始执行码垛任务，码垛完成后工业机器人返回工作原点，码垛完成样例如图 6-22 所示（纵向单列 6 层）。

请进行工业机器人相关参数设置和示教编程，完成 6 个工件的码垛任务并备份程序。

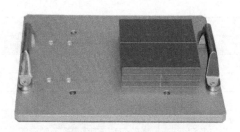
图 6-21　码垛工件摆放位置

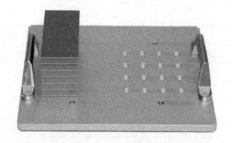
图 6-22　码垛完成样例

项目七 工业机器人装配应用编程

学习目标

1. 掌握工业机器人程序的单步、连续等运行方式。
2. 掌握工业机器人系统程序、参数等 U 盘数据备份方法。
3. 掌握使用示教器编制装配应用程序的方法。

工作任务

一、工作任务的背景

装配是生产制造业的重要环节，而随着产品结构复杂程度的提高，传统装配已不能满足日益增长的产量要求。装配机器人将代替传统人工装配成为装配生产线上的主力军，可胜任大批量、重复性的工作。工业机器人"四大家族"都抓住机遇研究出了相应的装配机器人产品，如图 7-1 所示。

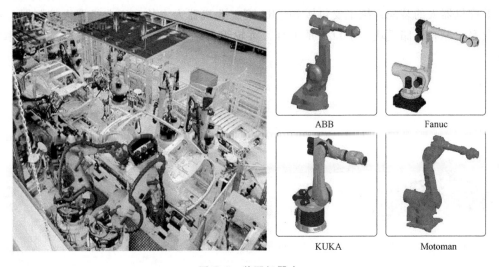

ABB　　Fanuc

KUKA　　Motoman

图 7-1　装配机器人

装配机器人是柔性自动化生产线的核心设备，由工业机器人本体、控制器、末端执行器和传感系统组成。其中工业机器人本体的结构类型有水平关节型、直角坐标型、多关节型和圆柱坐标型等；控制器一般采用多 CPU 或多级计算机系统，实现运动控制和运动编程；末端执行器为适应不同的装配对象而设计成各种手爪和手腕等；传感系统用来获取装配机器人与环境和装配对象之间相互作用的信息。

装配是产品生产的后续工序，在制造业中占有重要地位，在人力、物力、财力消耗中占有很大比例。装配机器人用于装配生产线上，是对零件或部件进行装配作业的工业机器人，它是集光学、机械、微电子、自动控制和通信技术于一体的产品，具有很高的功能和附加值。当工业机器人精度高与作业稳定性好时，可用于精益工业生产过程。但是装配机器人尚存在一些亟待解决的问题，如装配操作本身比焊接、喷涂、搬运等工作复杂，而且装配环境要求高、装配效率低，装配机器人缺乏感知与自适应的控制能力，难以完成变动环境中的复杂装配。此处，装配操作对于工业机器人的精度要求较高，否则容易出现装不上或"卡死"现象。

装配机器人因适应的环境不同，可以分为普及型装配机器人和精密型装配机器人。目前，我国在制造装配机器人方面有了很大的进步，基本掌握了机构设计制造技术，解决了控制、驱动系统设计以及配置、软件设计和编制等关键技术，还掌握了自动化装配线及其周边配套设备的全线自动通信、协调控制技术，在基础元器件，如谐波减速器、六轴力传感器、运动控制器等方面也有了突破。

装配机器人的研究正朝着智能化和多样化的方向发展。例如探索新的高强度轻质材料，以进一步提高工业机器人的负载和自重比，同时机构进一步向着模块化、可重构方向发展；采用高转矩低速电动机直接驱动以减小关节惯性，实现高速、精密、大负载和高可靠性。装配机器人之间的协作，同一工业机器人双臂的协作，甚至人与工业机器人的协作，这些协作的顺利实现对于重型或精密装配任务非常重要。

二、所需要的设备

装配机器人的装配系统主要包括 BN_R3 型工业机器人本体、工业机器人控制器、示教器、气泵、原料仓储模块、平口夹爪工具、柔轮组件（柔轮、波发生器、轴套），如图 7-2 所示。

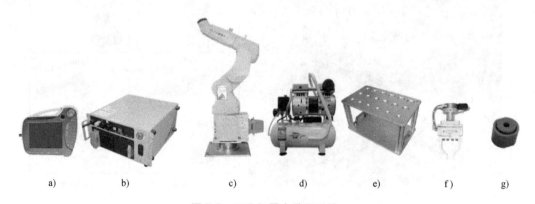

a)　　　　　b)　　　　　c)　　　　　d)　　　　　e)　　　　　f)　　　　　g)

图 7-2　工业机器人装配系统

a）示教器　b）控制器　c）BN-R3 型工业机器人本体　d）气泵　e）原料仓储模块　f）平口夹爪工具　g）柔轮组件

三、任务描述

以谐波减速器的装配为典型案例，手动将夹爪装配到机械臂上，由工业机器人去抓取轴套，并将轴套装配在波发生器上，再将轴套和波发生器组合体装配在柔轮内，完成柔轮组件的装配任务，如图 7-3 所示。

装配完成后，工业机器人将柔轮组件搬运到旋转供料模块上，搬运过程详见项目五，最终工业机器人回到工作原点。

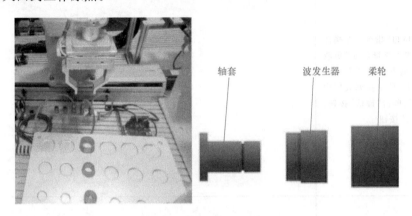

轴套　　　　波发生器　　　柔轮

图 7-3　待装配工件

实践操作

一、知识储备

1. 基本指令操作

（1）添加变量操作　添加变量操作见表 7-1。

表 7-1　添加变量操作

操作步骤及说明	示意图
1）添加变量操作。在"程序"中，依次单击"变量"→"程序变量"，单击" 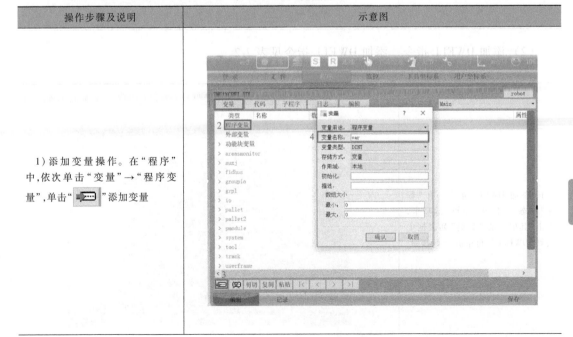 "添加变量	

（续）

操作步骤及说明	示意图
2）添加"POINTJ"指令。在操作步骤1）之后，将"变量名称"更改成"home"（这里可自定义变量名称），在"变量类型"下拉列表框中选择"POINTJ"，单击"确认"按钮，最后单击"记录"按钮	
3）添加"POINTC"指令。在操作步骤1）之后，将"变量名称"更改成"cry1"（这里可自定义变量名称），在"变量类型"下拉列表框中选择"POINTC"，单击"确认"按钮，最后单击"记录"按钮	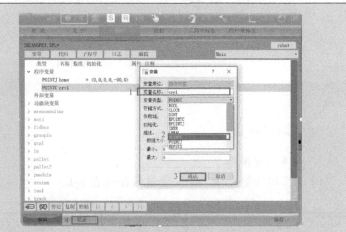

（2）添加 DWELL 指令　添加 DWELL 指令见表 7-2。

表 7-2　添加 DWELL 指令

操作步骤及说明	示意图
1）添加 DWELL 指令。在"程序"状态下，打开"编辑"选项卡，单击"其他"，在"其他"列表框中找到"DWELL"，再单击"<<"按钮	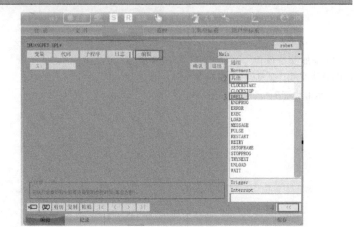

（续）

操作步骤及说明	示意图
2）添加等待时间。单击"expr"，再单击"值"按钮，输入等待时间"1"，依次单击"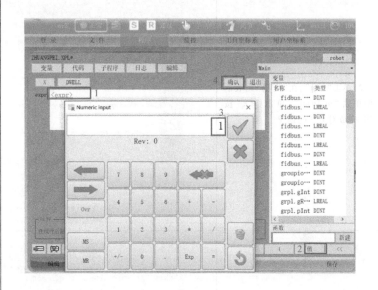"→"确认"按钮	

（3）添加 PULSE 指令　添加 PULSE 指令见表 7-3。

表 7-3　添加 PULSE 指令

操作步骤及说明	示意图
1）在"程序"中打开"编辑"选项卡，在"其他"列表框中单击"PULSE"，单击"<<"按钮，完成对 PULSE 指令的创建	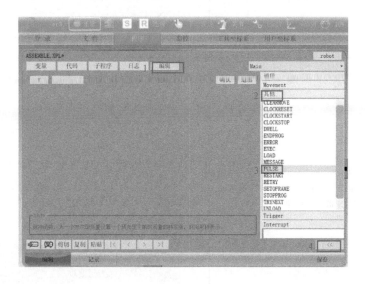

173

（续）

操作步骤及说明	示意图
2）单击"dest"，在"变量"列表框中单击"io. DOut"，单击"<<"按钮，完成对 I/O 的创建	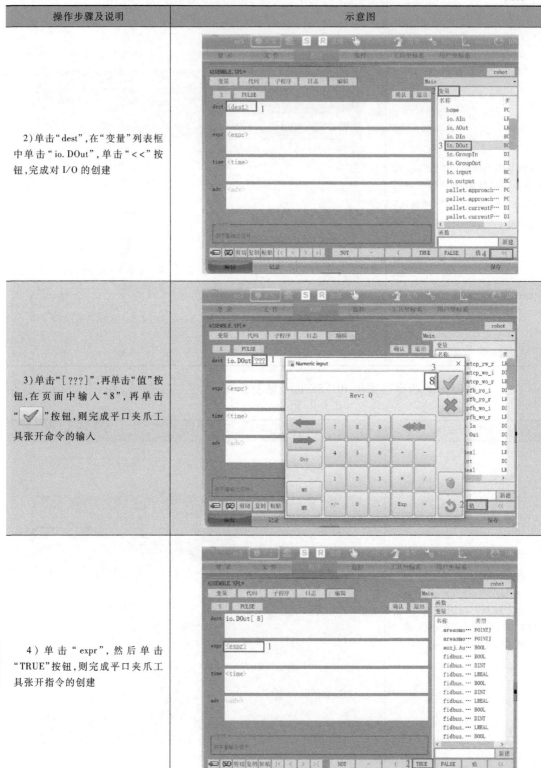
3）单击"[???]"，再单击"值"按钮，在页面中输入"8"，再单击"　✓　"按钮，则完成平口夹爪工具张开命令的输入	
4）单击"expr"，然后单击"TRUE"按钮，则完成平口夹爪工具张开指令的创建	

（续）

操作步骤及说明	示意图
5）单击"time"，再单击"值"按钮，输入"0.5"，再单击"☑"按钮，将时间设置为0.5s	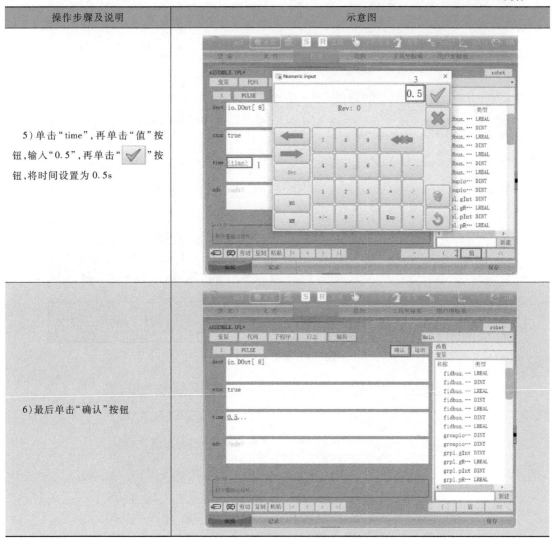
6）最后单击"确认"按钮	

2. 故障处理

BN-R3 型工业机器人控制器故障处理、驱动器故障处理及程序运行故障处理。

（1）控制器故障处理　单击状态栏标注的图标按钮，可以查看系统的事件，包括操作信息、报警信息等。

事件日志界面如图 7-4 所示。

1）事件日志显示区域，显示事件的代码、时间以及报警信息。

2）事件说明区域，显示指定事件的详细信息，包括产生的原因以及给出的解决方法。

3）筛选区域，通过勾选不同的事件类型，显示区域显示不同的事件。例如，只勾选报警的选项，事件日志显示区域显示记录的所有报警。

4）操作区，包括"导出日志""运行监视""导出黑屏"按钮。

单击相应的事件行，可以在事件说明区域显示指定事件产生的原因以及给出的解决方法，如图 7-5 所示。

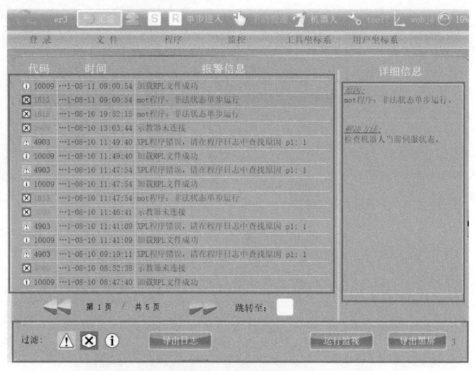

图 7-4 事件日志界面

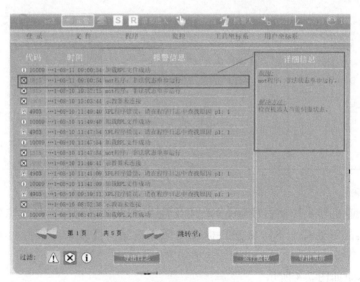

图 7-5 事件日志详情界面

单击"导出日志"按钮，可将当前所有日志保存至 U 盘中；单击"清空"按钮，可将当前所有日志清空；单击"运行监视"按钮，切换至相应界面，可以查看"系统时间""总计伺服开时间""总计上电时间""总计报警时间"，如图 7-6 所示。

（2）驱动器故障处理 在任务栏的"监控"菜单下单击"驱动器"按钮，进入到"驱动器"监控界面，这里显示了各轴的"状态字""报警代码"以及报警的"描述"，如图 7-7 所示。

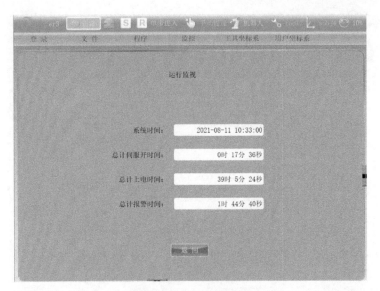

图 7-6 运行监视界面

图 7-7 驱动器监控界面

（3）程序运行故障处理　程序运行报警在程序运行日志界面中可以查看，如图 7-8 所示。

3. U 盘备份

U 盘备份的操作步骤如下。

1）插上 U 盘（插在示教器右侧 USB 端）。

2）在任务栏中依次单击"文件"→"USB"→"到 USB"，则文件会复制到 U 盘中，如图 7-9 所示。

3）文件复制完成后，拔下 U 盘。

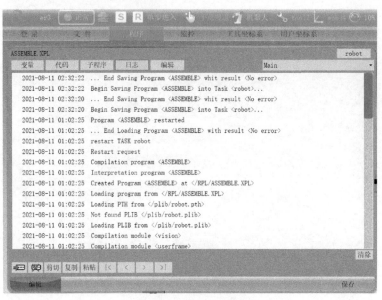

图 7-8　程序运行日志界面

图 7-9　U 盘备份

二、任务实施

1. 运动轨迹规划

工业机器人安装平口夹爪工具后，在原料仓储模块内进行柔轮组件的装配作业，装配运动规划如图 7-10 所示。

2. 手动安装平口夹爪

（1）外部 I/O 功能　外部 I/O 功能见表 7-4。

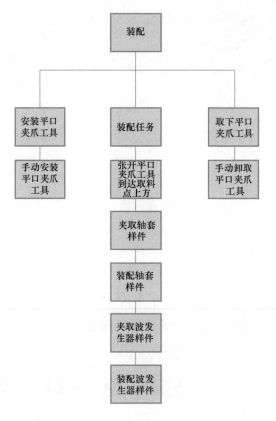

图 7-10 装配运动规划

表 7-4 外部 I/O 功能

数字量 I/O	I/O	功能
	9	平口夹爪工具闭合
数字量输入/输出	8	平口夹爪工具张开
	13	快换末端卡扣收缩/松开

（2）手动安装平口夹爪工具

1）依次单击示教器中的"监控"→"IO"→"远程_2"→"DO13"，则快换末端卡扣收缩/松开，如图 7-11 所示。

2）单击 DO13 后的状态按钮使其变为绿色，使 DO13 输出为 1，快换末端卡扣收缩。

3）手动将平口夹爪工具安装在快换接口法兰处，再单击 DO13 后的状态按钮，使 DO13 输出变为 0，且其后的状态按钮变为无色，快换末端卡扣松开，完成平口夹爪工具安装。

3. 示教编程

（1）工具坐标系标定　通过测量测得平口夹爪工具的工具坐标系，在示教器上进行工具坐标系标定，见表 7-5。

图 7-11　快换末端卡扣收缩/松开

表 7-5　工具坐标系标定

操作步骤及说明	示意图
1）单击左上角"　　"图标进入设置页面，单击"工具坐标系"对工具坐标系进行标定	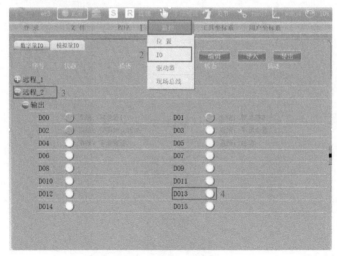
2）选择 TCP& 默认方向。选择需要标定的工具"tool 7"，单击"方法"选择"TCP& 默认方向"，单击"修改"按钮进入修改界面	

（续）

操作步骤及说明	示意图
3）在修改界面中对"工具"中的坐标进行修改，此坐标系为平口夹爪的工具坐标，单击"保存"按钮，将当前计算结果保存到指定的工具中	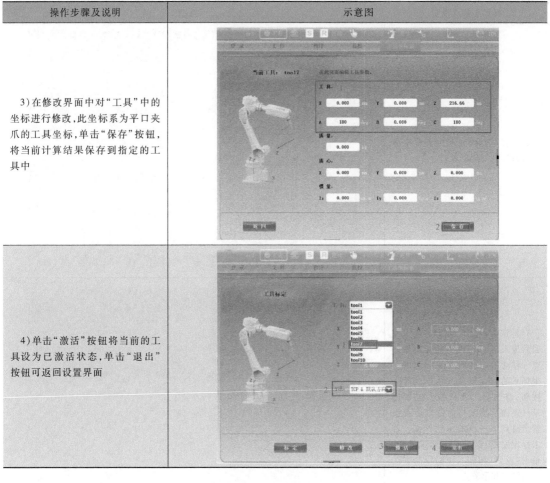
4）单击"激活"按钮将当前的工具设为已激活状态，单击"退出"按钮可返回设置界面	

（2）用户坐标系标定　用户坐标系标定见表7-6。

表7-6　用户坐标系标定

操作步骤及说明	示意图
1）单击左上角" "图标进入设置页面，单击"用户坐标系"对用户坐标系进行标定	

（续）

操作步骤及说明	示意图
2）选择"名称"下拉列表框中的"wobj4"，进入标定界面	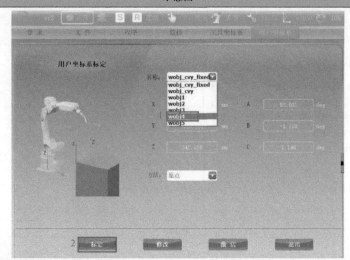
3）标定第一点。单击"标定"按钮后进入标定界面，开始标定第一点。移动工业机器人至所需用户坐标系的原点位置。单击"示教"按钮，将当前工业机器人位置记录。正确示教完当前位置后直接就会跳到下一点的示教界面。若未标定完成，需要结束标定过程，单击"返回"按钮。用同样的方法标定第二和第三点	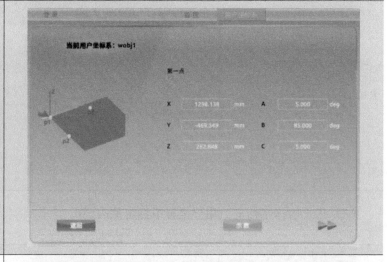
4）标定完第三点后，单击"计算"按钮，界面会跳转至标定结果界面	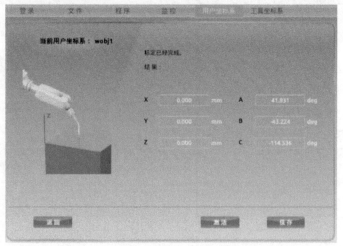

（续）

操作步骤及说明	示意图
5）保存标定结果。单击"保存"按钮，将当前计算结果保存到指定的用户坐标系中。单击"激活"按钮，将当前的用户坐标系标定为已激活状态。单击"返回"按钮，可返回设置界面	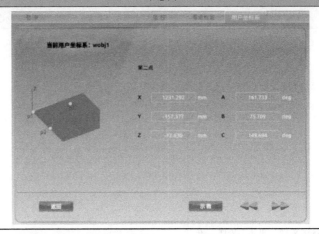

（3）在程序中插入变量　插入变量见表7-7。

表7-7　插入变量

操作步骤及说明	示意图
1）在编写好的程序步骤中，单击要插入变量的程序行，再单击"编辑"按钮	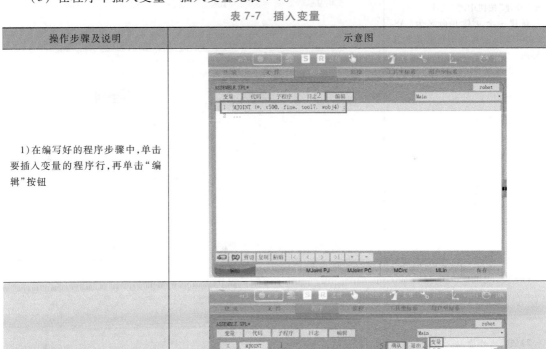
2）在"编辑"界面中，单击步骤1中的"POINTJ"，单击右侧"变量"列表框中的"home"，单击"<<"按钮，最后单击"确认"按钮。返回到代码中，完成在程序中插入变量	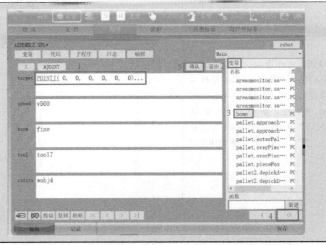

（4）建立程序 建立程序见表7-8。

表7-8 建立程序

操作步骤及说明	示意图
1）创建文件。单击"文件"，在"文件"界面中，单击"新建"，再单击"新建"按钮中的"文件"。 新建一个文件并命名为"AS-SEMBLE"，然后自动跳转到程序界面	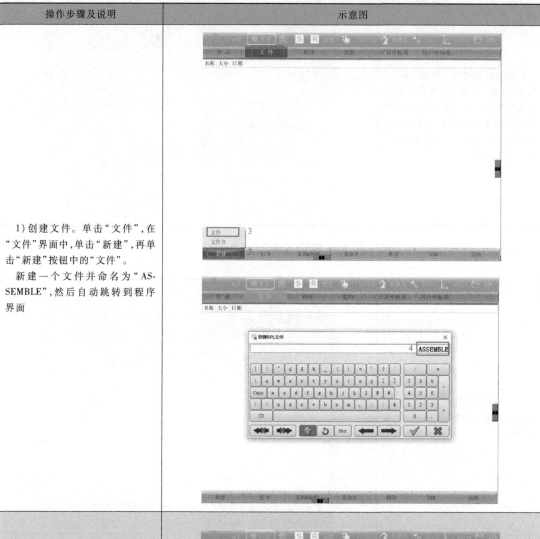
2）创建工作原点。当工业机器人收到任务开始信号时，工业机器人需要先回到工作原点（0，0，0，0，-90，0）处，新建一个变量"POINTJ"并命名为"home"，记录该点位姿。添加一条 MJOINT 指令	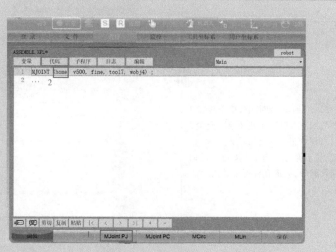

（续）

操作步骤及说明	示意图
3）安装平口夹爪工具。开始装配前需要手动安装平口夹爪工具。依次单击示教器中的"监控"→"IO"→"远程_2"→"DO13"，安装好平口夹爪工具	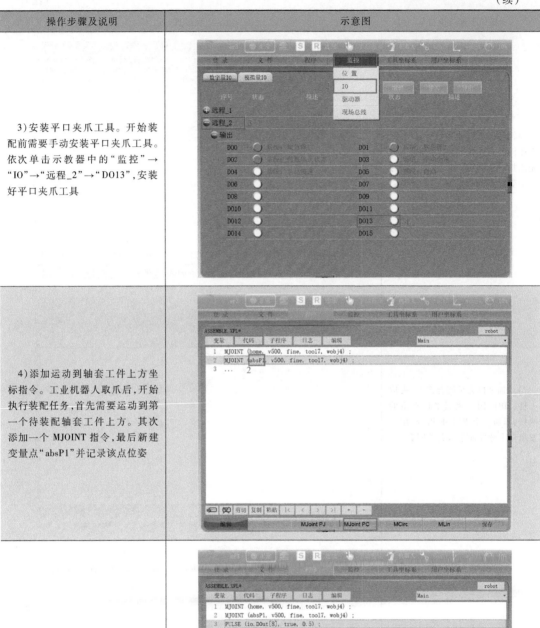
4）添加运动到轴套工件上方坐标指令。工业机器人取爪后，开始执行装配任务，首先需要运动到第一个待装配轴套工件上方。其次添加一个MJOINT指令，最后新建变量点"absP1"并记录该点位姿	
5）添加平口夹爪张开指令。DO8用于打开平口夹爪的两指，添加一个PULSE指令，用于发出一个脉冲使平口夹爪张开	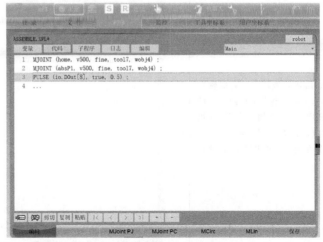

（续）

操作步骤及说明	示意图
6）添加夹爪到轴套工件处坐标。工业机器人直线运动至抓取点，首先添加一个 MLIN 指令，其次新建一个变量点"absP2"并记录其位姿	
7）添加平口夹爪闭合指令，夹取工件。DO9 用于夹紧平口夹爪的两指，添加一个 PULSE 指令，用于发出一个脉冲使平口夹爪闭合	
8）添加新的坐标点。夹取轴套样件后，工业机器人垂直向上运动一定高度，首先添加一个 MLin 指令，参数设置如右图所示，其次新建一个变量点"absP3"并记录其位姿	

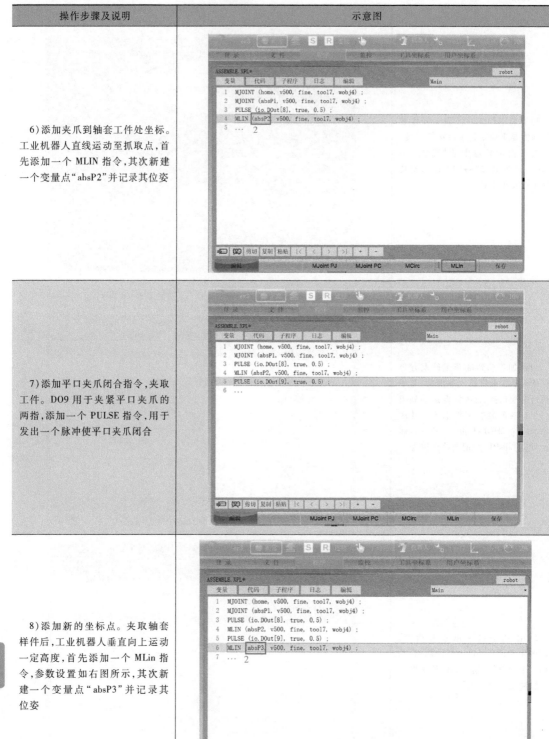

（续）

操作步骤及说明	示意图
9）添加坐标点。工业机器人抓取轴套样件后运动至波发生器样件正上方等待装配。首先添加一个 MJOINT 指令，参数设置如右图所示，其次新建变量点"absP4"并记录其位姿	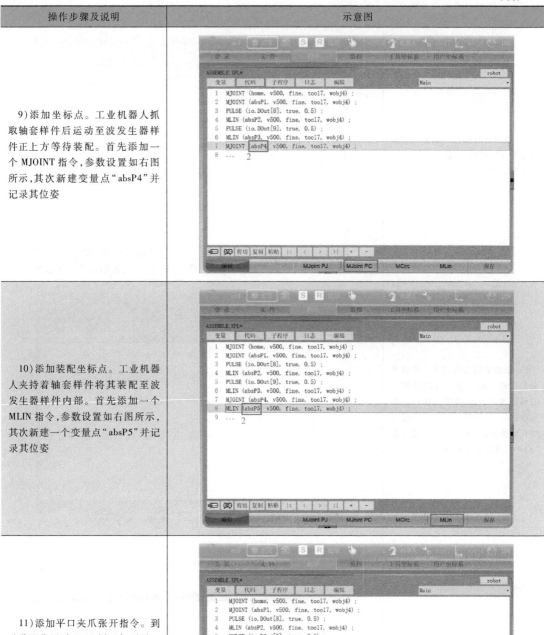
10）添加装配坐标点。工业机器人夹持着轴套样件将其装配至波发生器样件内部。首先添加一个 MLIN 指令，参数设置如右图所示，其次新建一个变量点"absP5"并记录其位姿	
11）添加平口夹爪张开指令。到达装配位置后，DO8 用于打开平口夹爪的两指，添加一个 PULSE 指令，用于发出一个脉冲使平口夹爪张开。完成轴套和波发生器组合体样件的装配	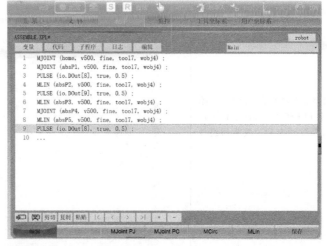

187

（续）

操作步骤及说明	示意图
12）添加延时指令。添加一个延时指令 DWELL，给平口夹爪张开到位提供时间	ASSEMBLE.XPL* robot 变量 代码 子程序 日志 编辑 Main 1 MJOINT (home, v500, fine, tool7, wobj4) ; 2 MJOINT (absP1, v500, fine, tool7, wobj4) ; 3 PULSE (io.DOut[8], true, 0.5) ; 4 MLIN (absP2, v500, fine, tool7, wobj4) ; 5 PULSE (io.DOut[9], true, 0.5) ; 6 MLIN (absP3, v500, fine, tool7, wobj4) ; 7 MJOINT (absP4, v500, fine, tool7, wobj4) ; 8 MLIN (absP5, v500, fine, tool7, wobj4) ; 9 PULSE (io.DOut[8], true, 0.5) ; 10 DWELL (1) ; 11 ... 剪切 复制 粘贴 |< < > >| + - 编辑 MJoint PJ MJoint PC MCirc MLin 保存
13）添加坐标点并记录。平口夹爪垂直向下运动准备抓取装配好的轴套和波发生器组件样件。首先添加一个 MLIN 指令，参数设置如图所示，其次新建一个变量点"absP6"并记录其位姿	ASSEMBLE.XPL* robot 变量 代码 子程序 日志 编辑 Main 1 MJOINT (home, v500, fine, tool7, wobj4) ; 2 MJOINT (absP1, v500, fine, tool7, wobj4) ; 3 PULSE (io.DOut[8], true, 0.5) ; 4 MLIN (absP2, v500, fine, tool7, wobj4) ; 5 PULSE (io.DOut[9], true, 0.5) ; 6 MLIN (absP3, v500, fine, tool7, wobj4) ; 7 MJOINT (absP4, v500, fine, tool7, wobj4) ; 8 MLIN (absP5, v500, fine, tool7, wobj4) ; 9 PULSE (io.DOut[8], true, 0.5) ; 10 DWELL (1) ; 11 MLIN absP6, v500, fine, tool7, wobj4 ; 12 ... 2 剪切 复制 粘贴 |< < > >| + - 编辑 MJoint PJ MJoint PC MCirc MLin 保存
14）添加平口夹爪闭合指令。添加一个 PULSE 指令，使平口夹爪闭合，抓取轴套和波发生器组件样件	ASSEMBLE.XPL* robot 变量 代码 子程序 日志 编辑 Main 1 MJOINT (home, v500, fine, tool7, wobj4) ; 2 MJOINT (absP1, v500, fine, tool7, wobj4) ; 3 PULSE (io.DOut[8], true, 0.5) ; 4 MLIN (absP2, v500, fine, tool7, wobj4) ; 5 PULSE (io.DOut[9], true, 0.5) ; 6 MLIN (absP3, v500, fine, tool7, wobj4) ; 7 MJOINT (absP4, v500, fine, tool7, wobj4) ; 8 MLIN (absP5, v500, fine, tool7, wobj4) ; 9 PULSE (io.DOut[8], true, 0.5) ; 10 DWELL (1) ; 11 MLIN (absP6, v500, fine, tool7, wobj4) ; 12 PULSE (io.DOut[9], true, 0.5) ; 13 ... 剪切 复制 粘贴 |< < > >| + - 编辑 MJoint PJ MJoint PC MCirc MLin 保存

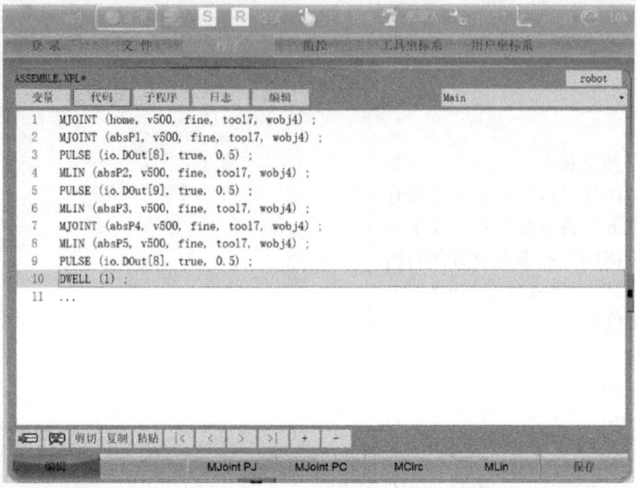

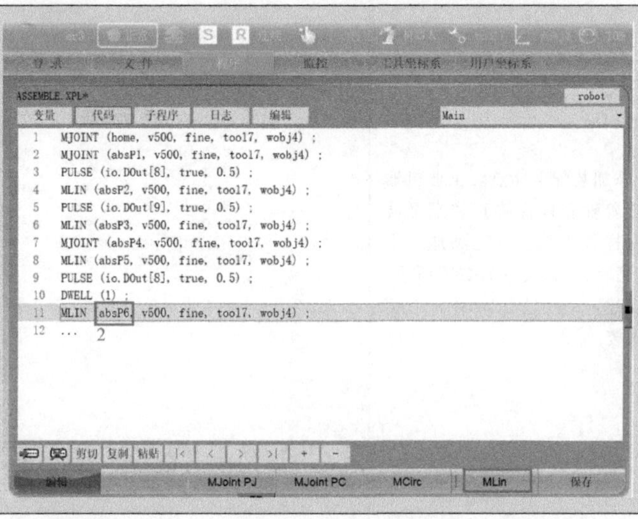

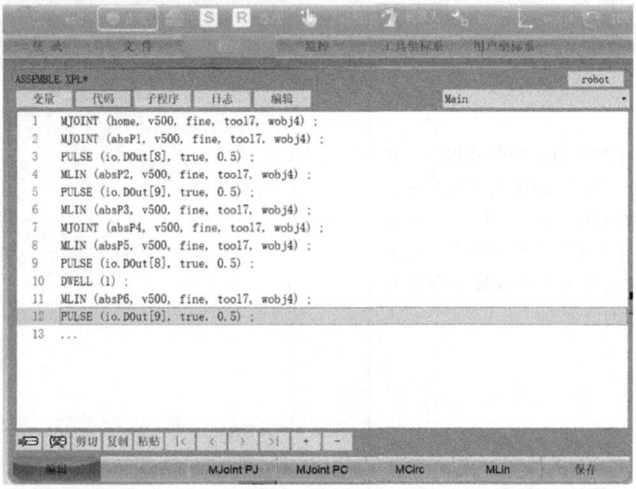

（续）

操作步骤及说明	示意图
15）添加坐标系并记录。夹取波发生器样件后，工业机器人垂直向上运动一定高度，首先添加一个 MLIN 指令，参数设置如右图所示，其次新建一个变量点"absP7"并记录其位姿	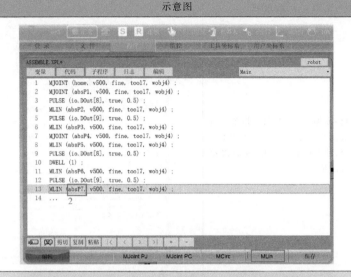
16）添加装配坐标点。工业机器人抓取轴套和波发生器组合样件后运动至柔轮正上方等待装配。首先添加一个 MJOINT 指令，参数设置如右图所示，其次新建变量点"absP8"并记录其位姿	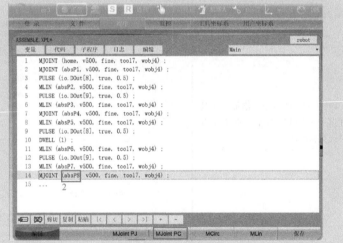
17）添加装配坐标并记录。工业机器人夹持着轴套波发生器组件样件将其装配至柔轮内部。先添加一个 MLIN 指令，参数设置如右图所示，然后新建一个变量点"absP9"并记录其位姿	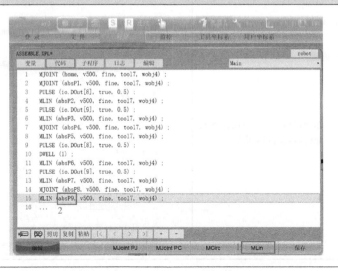

189

（续）

操作步骤及说明	示意图
18）添加平口夹爪打开指令。到达装配位置后，添加一个 PULSE 指令，使平口夹爪张开，完成柔轮组件的装配	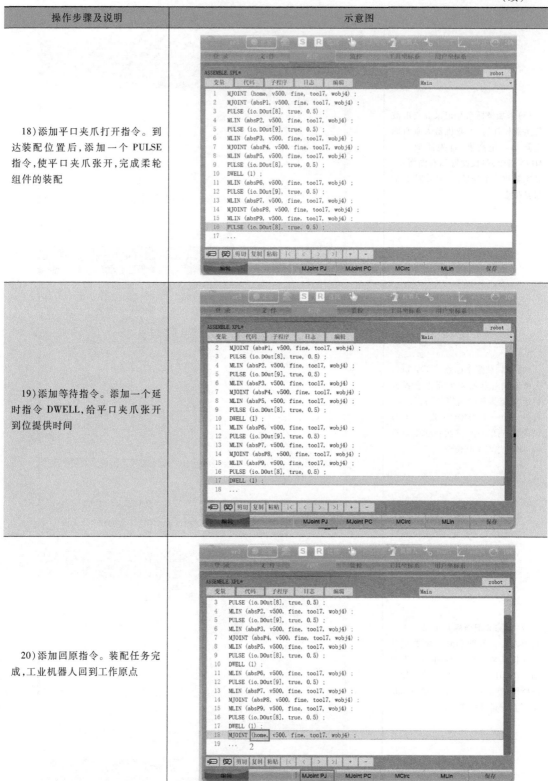
19）添加等待指令。添加一个延时指令 DWELL，给平口夹爪张开到位提供时间	
20）添加回原指令。装配任务完成，工业机器人回到工作原点	

4. 程序调试与运行

（1）调试目的　检查程序的位置点是否正确；检查程序的逻辑控制是否完善；检查子程序的输入参数是否合理。

（2）调试过程

1）切换至单步运行。在运行程序前，需要将工业机器人伺服使能（将工业机器人控制器模式钥匙开关切换到手动操作模式，并按下三段手压开关）。单击"F3"键切换至"单步进入"状态。

2）单击"编辑"则进入"编辑"界面，选中程序行"1"，单击"Set PC"按钮对程序进行单步点动操作，如图 7-12 所示。

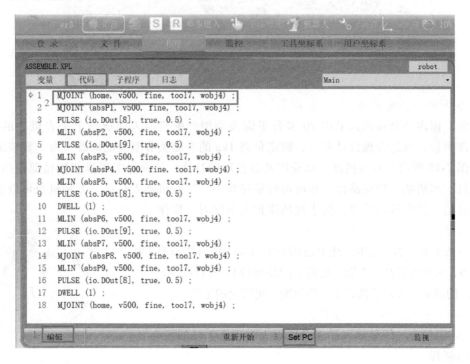

图 7-12　单步点动操作

运行程序过程中，若发现可能发生碰撞、失速等危险时，应该及时按下示教器上的急停按钮，防止发生人身伤害或工业机器人损坏。

装配结果如图 7-13 所示。

知识拓展

图 7-13　装配结果

191

随着自动化行业的不断发展，人工成本不断上升，劳动力短缺现象日益严重，装配机器人逐渐显示出其强大功能，可完成精密组装、装配工作，具有高速度、高精度、小型化等优势。采用工业机器人装配可解决生产制造企业人员流动带来的影响，并为企业提高产品质量和一致性、扩大产能、减少材料浪费、增加产出率、推动工业产业升级、提高市场竞争力做出重大贡献。埃夫特工业机器人用于汽车装配如图 7-14 所示。

图 7-14　汽车装配

1. 装配机器人完成手表机芯的组装

目前，国内某公司正式采用 70 多台平面关节型装配机器人完成整个手表机芯的组装。手表部件很轻，通过合理设计夹具，额定负载 1kg 的平面关节型装配机器人为主要装配机器人，如图 7-15 所示。其高精度、高速度及低抖动的特性，可确保实现机芯机械部件的装配，如装螺钉、加机油、焊接晶体，并可进行质量检测。装配机器人与第三方相机也可以很容易地完成通信。操作界面简单，便于现场维护人员学习、操作。

2. 装配机器人为企业带来效益

在一条手表机芯装配生产线上使用装配机器人可直接节省 130 多名人力，大幅度提高了产能，提高了产品质量和一致性，减少了基本部件的浪费，实现了低成本、高效能、更安全的生产。

3. 如何选择合适的装配机器人

1）应用场合。评估导入的工业机器人将用于怎样的场合以及怎样的制程。

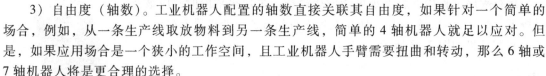

图 7-15　手表机芯

2）有效载荷。有效载荷是工业机器人在其工作空间可以携带的最大负荷，其范围是 3~1300kg。

3）自由度（轴数）。工业机器人配置的轴数直接关联其自由度，如果针对一个简单的场合，例如，从一条生产线取放物料到另一条生产线，简单的 4 轴机器人就足以应对。但是，如果应用场合是一个狭小的工作空间，且工业机器人手臂需要扭曲和转动，那么 6 轴或 7 轴机器人将是更合理的选择。

4）最大动作范围。在评估目标应用场合的时候，应该了解工业机器人需要到达的最大距离。选择一个工业机器人不仅需要考虑它的有效载荷，而且需要综合考虑它到达的确切距离。

5）重复精度。这个因素取决于工业机器人的应用场合。重复精度为工业机器人每一次完成例行的工作任务时到达同一位置的能力。

6）本体重量。工业机器人本体重量是设计工业机器人单元时的一个重要因素。如果工业机器人必须安装在一个定制的机台上，甚至在导轨上，就需要根据它的重量来设计相应的支承。

7）防护等级。根据工业机器人的使用环境，选择达到一定防护等级（IP 等级）的标准。一些制造商会提供针对不同场合、不同 IP 等级的产品系列。

4. 如何提高装配机器人的装配精度

1）设计。装配的难度与精度保证取决于设计，好的设计可以降低工人技能要求，提高装配效率和精度。

2）零件加工。采用合格零件进行装配是基本要求，如果零件本身不合格，那就没有装配精度可言了。

3）装配工装。工装是辅助，可以提高装配效率，好的工装也可以降低工人技能要求，如一些防呆的工装，工人只要能放进去，就说明装到位了，甚至不用再做二次检查。

4）装配手法。这是针对重要工位或者精密工位的要求，有些工位装配复杂，对工人的技能要求就高，同样的零件，新手和熟练人员装出来的效果是不一样的。

5）后续补偿。绝对的精度保证是没有的，所以在工业机器人上会有精度补偿，在算法上做校正。

5. 如何配置装配机器人的传感系统

视觉传感系统是工业机器人"眼睛"，它可以是两架电子显微镜，也可以是两台摄像机，还可以是红外夜视仪或袖珍雷达。这些视觉传感器有的通过接收可见光变为电信息，有的通过接收红外线变为电信息，有的本身就是通过电磁波形成图像。它们可以观察微观粒子或细菌世界，观察几千摄氏度高温的炉火或钢液，在黑暗中看到人看不到的东西。工业机器人的视觉传感系统要求可靠性高、分辨力强、维护安装简便。

听觉传感系统是一些高灵敏度的电声变换器，如各种"麦克风"，它们将各种声音信号变为电信号，然后进行处理，送入控制系统。

触觉传感系统是各种工业机器人手，手上装有各种压敏、热敏或光敏元件。不同用途的工业机器人，它的手各不相同，例如，用于外科缝合手术的，用于大规模集成电路焊接和封装的，用于残疾人假肢的，用于提拿重物的，用于长期在海底作业、采集矿石的等。

嗅觉传感系统是一种"电子鼻"。它能分辨出多种气味，并输出电信号。也可以专门对某种气体做出迅速反应。

工业机器人根据布置在其上的不同传感元件对周围环境状态进行测量，将结果通过接口送入单片机进行分析处理，控制系统则通过分析结果按拟先编写的程序对执行元件下达相应的动作命令。

评价反馈

评价反馈见表 7-9。

表 7-9 评价反馈

基本素养(30分)			
序号	评估内容	自评	互评	师评
1	纪律(无迟到、早退、旷课)(10分)			
2	安全规范操作(10分)			
3	团结协作能力、沟通能力(10分)			

（续）

理论知识（30分）				
序号	评估内容	自评	互评	师评
1	各种指令的应用（10分）			
2	装配工艺流程（5分）			
3	选择装配机器人的方法（5分）			
4	装配机器人的技术参数（5分）			
5	装配在行业中的应用（5分）			
技能操作（40分）				
序号	评估内容	自评	互评	师评
1	装配轨迹规划（10分）			
2	程序示教编写（10分）			
3	程序校验、试运行（10分）			
4	程序自动运行（10分）			
综合评价				

练习与思考题

一、填空题

1）装配机器人一般分为_____、_____、_____三大类别。

2）装配机器人根据工作环境不同，又分为_____和_____。

3）装配机器人的装配系统主要由_____组成。

4）I/O信号的参数9为_____，8为_____，13为_____。

二、简答题

1）如何选择合适的装配机器人？

2）如何提高装配机器人的装配精度？

三、编程题

手动将夹爪装配到机械臂上，由工业机器人去抓取波发生器，并将波发生器装配在柔轮中，再将轴套装配在柔轮上的波发生器中，完成柔轮组件的装配任务，轴套、波发生器、柔轮初始位置如图7-16所示。

装配完成后，工业机器人将柔轮组件搬运到旋转供料模块上，搬运过程详见项目六，最终工业机器人回到工作原点。

图7-16　轴套、波发生器、柔轮初始位置

工业机器人应用编程职业技能等级证书（博诺 初级）实操考核任务书

附录 A 实操考核任务书 1

工业机器人应用领域一体化教学创新平台由 BN-R3 型工业机器人、快换工具模块、码垛模块、焊接轨迹模块、涂胶模块、原料仓储模块、快换底座、人机交互、旋转供料模块和状态指示灯等组成，各模块布局如图 A-1 所示。

工业机器人末端工具如图 A-2 所示，涂胶工具用于模拟涂胶，吸盘工具用于取放码垛模块中的蓝色工件。

图 A-1 工业机器人应用领域一体化教学创新平台模块布局

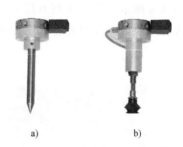

a) b)

图 A-2 工业机器人末端工具

a）涂胶工具 b）吸盘工具

工业机器人涂胶模块、码垛模块如图 A-3 所示。

图 A-3 涂胶模块和码垛模块

任务一 工业机器人涂胶应用编程

将涂胶模块安装在工作台指定位置，在工业机器人末端手动安装涂胶工具，建立用户坐标系，创建并正确命名例行程序，命名规则为"TJA＊＊"或"TJB＊＊"，"A"为第一场，

"B"为第二场，依此类推，"＊＊"为工位号。进行工业机器人示教编程时须调用上述建立的用户坐标系，按下启动按钮后，实现工业机器人自动从工作原点开始，根据涂胶轨迹从工作原点按照 1→2→3→4 的顺序进行模拟涂胶操作，涂胶轨迹如图 A-4 所示。在涂胶过程中，涂胶工具垂直向下，涂胶工具末端处于胶槽正上方，与胶槽边缘上表面处于同一水平面，且不能触碰胶槽边缘，完成操作后工业机器人返回工作原点。

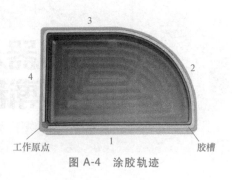

图 A-4　涂胶轨迹

请进行工业机器人相关参数设置和现场编程，完成模拟涂胶任务并备份程序。

任务二　工业机器人码垛应用编程

将码垛模块安装在工作台指定位置，在工业机器人末端手动安装吸盘工具，如图 A-5 所示摆放 6 块码垛工件（第 1 层纵向 2 列，第 2 层纵向 2 列，第 3 层横向 2 行），创建并正确命名例行程序，命名规则为"MDA＊＊"或"MDB＊＊"，"A"为第一场，"B"为第二场，依此类推，"＊＊"为工位号。利用示教器进行现场操作编程，按下启动按钮后，工业机器人自动从工作原点开始执行码垛任务，码垛完成后工业机器人返回工作原点，码垛完成样例如图 A-6 所示（纵向单列 6 层）。

请进行工业机器人相关参数设置和示教编程，完成六个工件的码垛任务并备份程序。

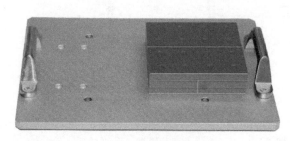

图 A-5　码垛工件摆放位置

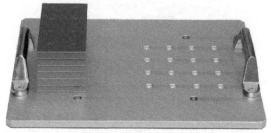

图 A-6　码垛完成样例

附录 B　实操考核任务书 2

工业机器人应用领域一体化教学创新平台由 BN-R3 型工业机器人、快换工具模块、码垛模块、焊接轨迹模块、涂胶模块、原料仓储模块、快换底座、人机交互、旋转供料模块和状态指示灯等组成，各模块布局如图 B-1 所示。

工业机器人末端工具如图 B-2 所示，激光笔工具用于模拟焊接，平口夹爪工具用于抓取柔轮组件。

工业机器人焊接轨迹模块和柔轮组件如图 B-3 所示。

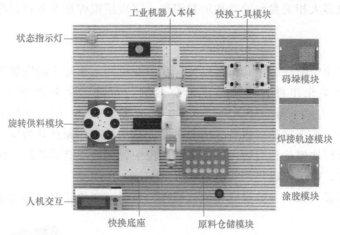

状态指示灯

工业机器人本体　快换工具模块

码垛模块

旋转供料模块

焊接轨迹模块

涂胶模块

人机交互

快换底座　原料仓储模块

图 B-1　工业机器人应用领域一体化教学创新平台模块布局

a)

b)

图 B-2　工业机器人末端工具

a）平口夹爪工具　b）激光笔工具

图 B-3　焊接轨迹模块和柔轮组件

任务一　工业机器人模拟焊接应用编程

将焊接轨迹模块安装在工作台指定位置，手动调整焊接轨迹模块倾斜 30°，安装激光笔工具到工业机器人末端，建立并验证用户坐标系，创建并正确命名例行程序，命名规则为"HJA＊＊"或"HJB＊＊"，"A"为第一场，"B"为第二场，依此类推，"＊＊"为工位号。进行工业机器人示教编程时须调用上述建立的用户坐标系，按下启动按钮后，工业机器人自动从工作原点开始，在斜面上按照预设⑥号轨迹 1→2→3→4 的顺序进行模拟焊接操作，如图 B-4 所示，完成操作后工业机器人返回工作原点。

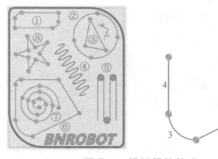

图 B-4　模拟焊接轨迹

197

请进行工业机器人相关参数设置和示教编程，完成模拟焊接并备份程序。

任务二　工业机器人柔轮组件搬运应用编程

将原料仓储模块安装在工作台指定位置，在工业机器人末端手动安装平口夹爪工具，按照图 B-5 所示摆放柔轮组件，创建并正确命名例行程序，命名规则为"BYA＊＊"或"BYB＊＊"，"A"为第一场，"B"为第二场，依此类推，"＊＊"为工位号。利用示教器进行现场操作编程，按下启动按钮后，工业机器人自动从工作原点开始执行搬运任务，将柔轮组件从原料仓储模块搬运到旋转供料模块的库位中，完成三套柔轮组件搬运任务后工业机器人返回工作原点，搬运完成样例如图 B-6 所示。

请进行工业机器人相关参数设置和示教编程，完成三套柔轮组件的搬运并备份程序。

图 B-5　柔轮组件摆放位置

图 B-6　搬运完成样例

附录 C　实操考核任务书 3

工业机器人应用领域一体化教学创新平台由 BN-R3 型工业机器人本体、快换工具模块、码垛模块、焊接轨迹模块、涂胶模块、原料仓储模块、快换底座、人机交互、旋转供料模块和状态指示灯组成，各模块布局如图 C-1 所示。

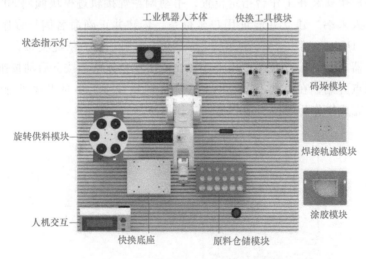

图 C-1　工业机器人应用领域一体化教学创新平台模块布局

工业机器人末端平口夹爪工具如图 C-2 所示，平口夹爪工具用于抓取轴套、波发生器和柔轮。

图 C-2　工业机器人末端平口夹爪工具

柔轮组件成品由轴套、波发生器和柔轮组装而成，柔轮组件装配过程为波发生器装配到柔轮中，轴套装配到波发生器中。柔轮组件相关工件及成品如图 C-3 所示。

a)　　　　　　b)　　　　　　c)　　　　　　d)

图 C-3　柔轮组件相关工件及成品

a）轴套　b）波发生器　c）柔轮　d）柔轮组件成品

创建并正确命名柔轮组件装配例行程序，命名规则为"ZZPA＊＊"或"ZZPB＊＊"，"A"为第一场，"B"为第二场，依此类推，"＊＊"为工位号，对工业机器人进行现场综合应用编程，完成两套柔轮组件的装配及入库过程。

柔轮组件装配工作控制要求如下。

1. 工件准备

原料仓储模块安装在工作台指定位置，按照图 C-4 所示摆放轴套、波发生器和柔轮。

2. 装配工作过程

请进行工业机器人相关参数设置，完成工业机器人现场综合应用编程，工业机器人自动装配两套柔轮组件并将柔轮组件成品入库的任务，并将程序备份。

图 C-4　工件准备

① 系统初始复位。手动将平口夹爪工具放置在快换工具模块上，将旋转供料模块复位。

② 抓取平口夹爪工具。手动加载工业机器人程序，按下绿色启动按钮，工业机器人从工作原点开始，自动抓取平口夹爪工具，抓取完成后返回工作原点。

③ 第一套柔轮组件波发生器装配。工业机器人自动抓取一个波发生器并装配到柔轮中。

④ 第一套柔轮组件轴套装配。工业机器人自动抓取一个轴套并装配到波发生器中。

⑤ 第一套柔轮组件成品搬运。工业机器人自动抓取第一套柔轮组件成品并搬运到旋转

供料模块上。

⑥ 第一套柔轮组件成品入库。工业机器人自动将第一套柔轮组件成品放入旋转供料模块检测库位中，如图 C-5 所示。

图 C-5　完成第一套柔轮组件成品入库

⑦ 第二套柔轮组件波发生器装配。工业机器人自动抓取一个波发生器并装配到柔轮中。

⑧ 第二套柔轮组件轴套装配。工业机器人自动抓取一个轴套并装配到波发生器中。

⑨ 第二套柔轮组件成品搬运。工业机器人自动抓取第二套柔轮组件成品并搬运至旋转供料模块上。

⑩ 第二套柔轮组件成品入库。旋转供料模块顺时针方向旋转 60°，工业机器人自动将第二套柔轮组件成品放入旋转供料模块检测库位中，如图 C-6 所示。

图 C-6　完成第二套柔轮组件成品入库

⑪ 系统结束复位。完成第二套柔轮组件成品的装配及入库后，工业机器人自动将平口夹爪工具放入快换工具模块并返回工作原点。

参 考 文 献

［1］ 邓三鹏，许怡赦，吕世霞. 工业机器人技术应用 ［M］. 北京：机械工业出版社，2020.

［2］ 邓三鹏，周旺发，祁宇明. ABB 工业机器人编程与操作 ［M］. 北京：机械工业出版社，2018.

［3］ 祁宇明，孙宏昌，邓三鹏. 工业机器人编程与操作 ［M］. 北京：机械工业出版社，2019.

［4］ 孙宏昌，邓三鹏，祁宇明. 机器人技术与应用 ［M］. 北京：机械工业出版社，2017.

［5］ 蔡自兴，谢斌. 机器人学 ［M］. 3 版. 北京：清华大学出版社，2015.

［6］ 贺云凯. 基于六轴工业机器人的矢量图形及字符绘制的应用研究 ［D］. 太原：太原理工大学，2015.

［7］ 谢坤鹏. 工业机器人 3D 虚拟动态远程监控系统的研究 ［D］. 天津：天津职业技术师范大学，2019.